U0284792

叶轮机械性能
退化分析与预测

YELUN JIXIE XINGNENG TUIHUA FENXI YU YUCE

贺星　倪何　著

国防科技大学出版社
·长沙·

内容简介

本书系统阐述了叶轮机械性能退化分析与预测的原理和方法；运用传统优化算法和现代智能算法获取叶轮机械的精确部件特性；建立了叶轮机械稳态和动态的性能退化模型，并由此分析了叶轮机械在典型性能退化因素作用下的稳态和动态特性；介绍了如何运用测量参数来定量监控和评估叶轮机械的性能退化程度，并进一步预测未来的性能退化趋势；为叶轮机械性能退化评估和健康管理提供科学的理论依据。

本书可为燃气轮机、蒸汽轮机、压缩机、叶轮泵等各类叶轮机械的性能退化分析与预测研究提供参考，也可以作为能源与动力专业的工程技术人员、高年级本科生和研究生的参考书。

图书在版编目（CIP）数据

叶轮机械性能退化分析与预测/贺星，倪何著. —长沙：国防科技大学
出版社，2024.4
　ISBN 978 – 7 – 5673 – 0639 – 4

　Ⅰ.①叶… 　Ⅱ.①贺… 　②倪… 　Ⅲ.①透平机械性能—研究
Ⅳ.①TK14

中国国家版本馆 CIP 数据核字（2024）第 059499 号

叶轮机械性能退化分析与预测
YELUN JIXIE XINGNENG TUIHUA FENXI YU YUCE
贺　星　倪　何　著

责任编辑：胡诗倩
责任校对：朱哲婧
出版发行：国防科技大学出版社　　　　地　　址：长沙市开福区德雅路 109 号
邮政编码：410073　　　　　　　　　　电　　话：（0731）87028022
印　　制：国防科技大学印刷厂　　　　开　　本：710×1000　1/16
印　　张：13.75　　　　　　　　　　 字　　数：211 千字
版　　次：2024 年 4 月第 1 版　　　　印　　次：2024 年 4 月第 1 次
书　　号：ISBN 978 – 7 – 5673 – 0639 – 4
定　　价：56.00 元

前　言

本书以叶轮机械在不同模式下的性能退化为主要研究内容，贯穿健康管理这一主线，以数学建模和仿真为主要手段，开展叶轮机械的性能退化分析与预测研究，对叶轮机械性能退化评估和健康管理具有重要的理论意义和实用价值。

全书由六个章节组成，各章内容如下：

第1章为绪论，综述了国内外在叶轮机械性能退化研究相关领域内开展的工作和取得的成果，并对本书研究的意义进行阐述。

第2章为叶轮机械精确特性的预测，介绍了如何综合运用传统优化算法和现代智能算法获取精确的叶轮机械部件特性，包括叶轮机械的部件特性曲线拟合和自适应建模两方面的内容。

第3章为叶轮机械稳态性能退化建模，分析了叶轮机械的典型性能退化模式和机理，并通过引入健康因子建立了经验特性和理论模型相结合的稳态性能退化模型；在此基础上，迭代使用小偏差法模拟了叶轮机械的非线性退化过程，分析了单个及多个部件的性能退化对叶轮机械系统的影响，得到非线性退化过程的定量指纹图。

第4章为叶轮机械动态性能退化建模，基于修正后的部件特性，考虑工质的变比热特性，采用容积惯性法建立了叶轮机械典型部件在健康状态下的动态模型；通过引入性能退化子系统，将健康状态下的动态模型与第3章中得到的稳态性能退化模型相结合，建立叶轮机械动态性能退化模型；在此基础上，对叶轮机械发生性能退化后的动态过程进行了模拟，分析了主要测量参数的变化特性和规律。

第5章为叶轮机械性能退化评估，从系统科学和信息论两个角度分析并阐述了复杂系统性能退化评估的理论基础；讨论了性能退化评估时监测参数的选择及预处理方法；运用粒子群算法优化了径向基函数（radial basis function，RBF）神经网络的初始权值，设计了进化径向基函数神经网络，并以模拟得到的叶轮机械性能退化指纹图为样本进行训练和测试；最后通过典型性能退化案例，验证了评估模型和方法的正确性。

第6章为叶轮机械性能退化预测，提出了一种基于中值回归经验模态分解（median regression empirical mode decomposition，MREMD）和小波阈值降噪的非平稳时间序列单参数预测模型，通过引入 MREMD 结合小波阈值的离散数据降噪算法，降低了数据中的噪声扰动，提高了模型的预测精度；提出了基于熵权－理想解（technique for order preference by similarity to ideal solution，TOPSIS）法和灰关联分析的多参数耦合相关性计算模型，在计算时将各参数中在相同时间点正向波动值最大的波动点组成的时间序列作为正理想解，将各参数中在相同时间点负向波动值最大的波动点组成的时间序列作为负理想解，为定量计算指标参数与对象系统的相关性大小提供了特征参数。

作　者

2023 年 6 月

目录

第1章
绪　论

1.1　引　言

近10年来，故障预测与健康管理（prognostic and health management，PHM）技术[1-3]已经成为提高装备系统"五性"（即可靠性、维修性、测试性、保障性和安全性）和降低寿命周期费用的核心技术。

叶轮机械被誉为动力机械中"皇冠上的明珠"，它的设计和制造涉及材料、结构、气动、热力、燃烧、控制和机械加工等多学科领域技术，是知识密集、技术密集和资金密集的结晶。在叶轮机械的研究领域，不断追求高性能是主要研究方向和热点[4-6]，然而在叶轮机械实际运行中也存在亟待解决的"五性"和系统寿命周期费用高等问题。本书作者在叶轮机械的可靠性[7]、性能计算和优化[8-12]上做了一些研究。

作为PHM技术在叶轮机械上的应用，基于传统的叶轮机械状态监控、故障诊断，叶轮机械健康管理（engine health management，EHM）[13-18]综合利用信息技术、人工智能等学科的最新成果构建一种信息化的系统；EHM是建立在对叶轮机械运行参数信息的采集、辨识、处理和融合基础上，采取主动积极的措施监测叶轮机械的技术水平和健康状态，预测叶轮机械性能退化趋势、部件故障发生部位、剩余寿命，及时采取科学有效的措施消除或缓解叶轮机械的性能退化、部件故障（或失效）的决策和实施过程[19-22]。EHM 是缓解叶轮机械在发展中存在的高性能、低成本这两个突出矛盾目标的一项不可或缺的关键技术。

1.2　叶轮机械性能退化与预测的研究意义

2010 年 4 月，连续一周多的冰岛火山喷发所产生的火山灰上升到 6 000 ~ 11 000 m 高空，这个高度范围恰是大部分飞机的飞行高度，由此导致北欧航班大部分停飞。据有关新闻报道，该事件给欧洲航空公司造成每天近 2 亿美元的损失，总额近 17 亿美元的损失，其负面效应甚至给世界经济危机的复苏带来了一系列的阻滞作用。之所以停飞，是因为怕火山灰堵塞航空燃气轮机涡轮叶片的冷却孔，使得内部的冷却通道堵塞，进而威胁飞行安全，以及避免由额外增加的航空叶轮机械维修费用而导致的巨大经济损失。

尽管火山灰不常有，但随着叶轮机械运行，叶片表面的结垢、腐蚀、磨损，外来物的损伤，叶顶间隙的增大，喷嘴磨损、积碳、堵塞等性能退化是常见的，且往往不可避免。深入研究叶轮机械各种性能退化及其内在规律，积极探索局部发生性能退化的外在表征及其对系统性能退化的影响，掌握叶轮机械部件的各种性能退化模式对系统的能量转换和利用性能的影响程度是急需研究的内容[23-25]。

本书的研究目的和意义是：立足于叶轮机械健康管理，针对具体的叶轮机械运行环境和特点，剖析叶轮机械产生的各类气动性能退化；掌握部件性能退化后叶轮机械对能量中"质"的利用的变化机理及规律；研究和优化选择能够及时、有效、灵敏地反映叶轮机械性能退化的监控参数；评估叶轮机械的健康状态，预测性能退化的发展趋势；为恢复、改进、提高叶轮机械的能量转换和利用效能提供理论依据和实践指导。

1.3　叶轮机械性能退化相关领域研究现状

1.3.1　叶轮机械的健康管理研究

叶轮机械健康管理（EHM）的研究包括气路健康管理、结构健康管理、机械系统健康管理和维修保障支持等内容。其中，气路健康管理又包含了气路性能监测和故障诊断、性能退化趋势预测这两个方向[26-29]。

美国在高性能涡轮发动机综合技术（integrated high performance tubine engine technology，IHPTET）计划成功实现后，美国国防部、能源部、国家航空航天局（National Aeronautics and Space Administration，NASA）、航空工业界共同发起了多用途经济可承受先进涡轮发动机（versatile，affordable，advanced turbine engine，VAATE）计划，旨在提高发动机性能的同时降低寿命周期费用。EHM被视为该计划中的支柱技术进行重点研究。同时，在由美国发起的综合飞机健康管理计划、NASA的航空安全计划下的综合飞行器健康管理等重大专项中，EHM均占有非常重要的地位[18]。

21世纪初，美国投入巨资为LM2500船用燃气轮机开发了名为"海神"的性能诊断和预测系统，该系统主界面如图1.1所示。根据实时采集的数据，系统主要完成包括传感器故障定位、振动监控、重要参数变化趋势分析、性能诊断等任务[13]。

1.3.2　叶轮机械精确特性的获取研究

在叶轮机械的健康监控研究中，无论是性能退化评估还是气路故障诊断，其前提都是必须获取所研究的具体叶轮机械装置的精确的基准性能，即将其处于未发生性能退化的技术状态视为健康的叶轮机械状态，以此为基准态，

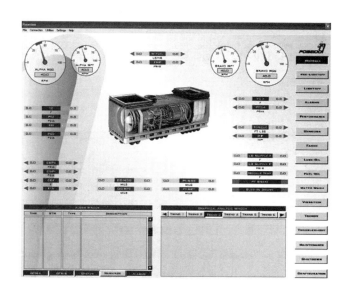

图 1.1　"海神"性能诊断和预测系统主界面

通过气路参数和各种算法来实时监控和评估叶轮机械的性能。

由于叶轮机械在制造、安装、调试中存在的差异，即使是同一型号的姊妹机组，其特性也不完全相同。那么如何才能获得每台叶轮机械的精准的部件特性呢？最直接的方法就是要求叶轮机械的生产厂家做试验，并提供每台燃机的精准的部件特性数据。但由于费用昂贵、耗时长、知识产权的保护以及商业秘密等各种因素，往往是不可行的。特别是部件试验得到的数据在整机共同工作情况下，会受到控制、部件之间的平衡等因素的影响而使部件特性发生变化，从而影响叶轮机械模型的精度。

对于同一系列叶轮机械，特别是姊妹机组，其特性相近，可以根据已知叶轮机械装置的特性或该系列机组的通用标准特性，通过所研究的叶轮机械装置在试车台上实际运行的有关测量参数，对该叶轮机械进行部件特性的修正，以达到获取精确的叶轮机械部件特性的目的，这种方法就是叶轮机械部件的自适应建模[30]。

谢光华等[31]构建了自适应仿真模型，运用改进的共轭梯度算法对发动机部件特性参数进行校正。段守付等[32]用 Kalman 滤波的方法来实现对模型和特性的自适应修正。吴虎等[33]以发动机主要性能参数和过程参数偏差函数最小构建了优化目标，以单纯形优化方法预测涡扇发动机在不同飞行条件下的部件特性。陈玉春等[34]依托特定的测量参数科学选取部件特性修正因子，并用部件特性删除法求解。肖洪等[35]发展了自适应模型，对用单纯形和遗传算法分别求解自适应模型的结果并进行了对比分析。蒋建军等[36]利用单纯形优化方法，预测发动机部件特性。王永华等[37]引入压力比函数 Z 和辅助参数 β，对涡扇发动机仿真模型中的部件特性进行自适应修正。Stamatis 等[38]采用机载自适应建模的方法对叶轮机械的技术状况进行实时的评估。Li 等[39]运用线性和非线性的气路分析法对叶轮机械进行了自适应建模，并对自适应参数的敏感度和自适应的鲁棒性进行了研究。Li[40]还采用自适应方法对叶轮机械的健康状况进行了评估。Li 等[41-42]用遗传算法对叶轮机械进行了自适应建模，并和非线性影响系数矩阵方法进行了比较分析。Roth 等[43]采用最小方差估计法对叶轮机械进行了自适应建模。

1.3.3　叶轮机械故障诊断研究

Urban[44-45]率先提出叶轮机械气路分析法，通过建立小偏差故障模型来确定性能参数与测量参数之间的变化关系，开创了气路故障诊断和性能退化评估的先河；同时，基于小偏差故障模型，利用测量参数的不确定度和小偏差系数的均方根作为指标，来优化选择故障诊断中的测量参数的设置。

Crewal[46]运用迭代、故障系数矩阵、统计最优估计三种方法分析了各种航空发动机（涡轴、涡扇、涡喷）的气路故障和性能，并对不同发动机测量参数减少对故障诊断精确度的影响进行了研究。

Ogaji 等[47]归纳了叶轮机械气路故障特点，对比了线性和非线性气路分析的方法，并用非线性气路分析法对测量参数的优化选择进行了对比研究，获得了用来诊断气路故障的所需安装传感器的最优测量参数。

针对测量参数个数少于未知量个数的问题，陈大光等[48]提出了多状态气路分析法，通过叶轮机械不同状态下测量参数的选取达到增加测量参数总数的目的。唐耿林[49]通过对叶轮机械性能监视参数选择的研究，分析了如何在保证经济性、有效性的基础上选择性地增加测量参数。

范作民等[50]对叶轮机械气路故障诊断进行了系统的研究和探索，纠正了先前气路故障诊断理论中存在的很多不妥甚至错误的理论和观点，形成了包括故障方程的故障因子理论、等方差化理论、主因子法和经验故障方程理论等理论体系。基于多重共线性影响的考虑，他们通过组合优化原理搜索发动机故障主因子模型的合理解[51]，解决了有限测量参数信息情况下（测量参数个数 m 少于故障模式个数 n）的难题，包括超定故障诊断问题（同时发生的故障模式个数 FN 小于测量参数个数 m）以及亚定故障诊断问题（同时发生的故障模式个数 FN 大于或等于测量参数个数 m）。另外，他们给出了故障诊断的有效性评估体系，对主因子模型诊断的有效性进行了评估[52-57]。

周密[58]探讨了信息融合技术在叶轮机械气路故障诊断中的应用，以某船用三轴叶轮机械为研究对象，构建了一种信息融合诊断系统，该系统对气路故障诊断中的故障模型、故障判据以及测量传感器等问题做了深入研究。

随着诊断技术的原理、方法及其应用的发展，故障诊断研究已经广泛运用了贝叶斯方法[59]、神经网络[60-61]、模糊理论[62-63]、概率融合[64]、遗传算法[65]、支持向量机[66-68]等先进算法，并从线性发展到非线性[69-70]，从稳态拓展到瞬态[71-72]。

1.3.4 叶轮机械性能退化研究

1.3.4.1 性能退化机理及规律研究

叶轮机械性能退化可分为可恢复性（暂时性）性能退化和不可恢复性（永久性）性能退化两种。Kurz 和 Brun[73]研究了叶轮机械典型部件的性能退化机理，给出了各种性能退化模式和性能参数之间的映射关系式，并在此基础上重点研究了叶轮机械在各种控制策略下的性能退化特点。

Lakshminarasimha 等[74]从压气机各级叶片组发生的结垢和磨损这两型故

障模式，对压气机进行了仿真研究。结果表明，前面级叶片的退化对叶轮机械的影响要比后面级叶片退化的影响要大，且负荷越大的级的退化对整体性能影响越大。

Zaita 等[75]从叶片级的角度，研究了叶轮机械的各种性能退化机理及其关键影响因素，给出了压气机结垢、腐蚀、磨损程度在各级的分布函数。

余又红[76]根据叶轮机械运行的历史数据，建立了叶轮机械的性能退化与恢复数学经验模型，并就压气机不同结垢程度对叶轮机械输出功率和热效率的影响进行了定性分析和定量计算。

Morini 等[77]采用级叠加建模研究了叶片性能退化对压气机和燃气涡轮性能的影响。

1.3.4.2　叶轮机械结垢及水清洗研究

文献［78－81］对叶轮机械的结垢机理和各种清洗方法进行了详细的分析并就其优缺点进行了对比研究，剖析了各种环境因素对叶轮机械结垢的影响；着重对在线清洗的装置、清洗剂、清洗方法、清洗频率、清洗效果、清洗流程中的操作要点等方面进行了系统的研究。

Syverud 等[82]基于挪威皇家空军退役的 F－5 战机上的 GE J85－13 发动机，采用入口喷射浓盐水的试验方法，对压气机叶片进行加速结垢试验研究。结果表明，首先，压气机盐垢主要发生在前几级的定子上，而转子的结垢相对定子要少。其次，由于结垢导致的附加剖面损失是主要的，而定子的气流分离导致的损失可以忽略。最后，进口压降对压气机结垢很敏感，又不受叶轮机械控制系统的影响，可作为压气机结垢的一个重要监测参数。

Yoon 等[83]对一功率为 30 kW 的微型叶轮机械进行了性能退化仿真建模，并用神经网络对各种测量参数组合进行故障预测研究。Naeem[84]研究了在不同的海拔、马赫数、结垢程度以及各种控制模式下，涡扇发动机的净推力和比推力的变化规律。

1.3.4.3　叶片寿命研究

Naeem 等[85-87]模拟了发动机性能退化时的运行情况，对燃油消耗量进行了预测研究，从全寿命周期费用、安全性和任务可用性这几个角度，分析了航空发动机的各种性能退化模式在两种典型的任务剖面中产生的影响。并深入研究了性能退化对涡轮叶片的周期疲劳、热疲劳、蠕变的影响。

Nowell 等[88]用气枪射入立方体来模拟叶轮机械叶片受到外来物损伤，多次的试验统计结果表明，叶片的前缘角、楔角以及不同的外来物的撞击角度等对叶片受损有很大影响，叶片的疲劳强度受撞击深度的影响最大。

1.3.4.4 热经济学研究

Zwebek 和 Pilidis[89-91]对燃 - 蒸联合循环装置在三种性能退化情况下，定性分析和定量计算了各种部件性能退化对燃气轮机、蒸汽轮机以及整个系统的性能退化的影响，指出了影响系统性能退化的主要子系统就是顶循环即燃气轮机循环，其对整个系统的作用占 2/3 强的主导作用。

Mathioudakis 等[92]用类似于气路故障分析法，推导出了燃 - 蒸联合循环装置在性能退化情况下总效率和部件效率之间的关系式。同时，对联合循环装置的性能恶化进行了定量计算，得到了影响系统性能退化的关键性能参数。

Benjalool[93]和 Omar[94]对在沙漠环境中运行的叶轮机械性能退化进行了研究，从经济学的角度分析了由于燃油流量增加和减少蠕变寿命所增加的费用，以及在线清洗所带来的收益。

Jordal 等[95]从热经济学的角度研究了不同结垢速率、不同材质涡轮叶片的叶轮机械由于压气机结垢导致费用的增加，得到了最小费用下的最优清洗次数。

Ameri 等[96]从热经济学的角度研究了发电用叶轮机械的进口空气冷却技术的应用。定量对比分析了水冷和冰冷两种间接冷却方式在高温环境下的投资和受益。

Song 等[97]对 150 MW 功率档的 GE7F 重型叶轮机械在各个工况的㶲性能（㶲效率、㶲损失、㶲损率等）进行了研究。结果表明，在部分工况时，由于可转导叶的固定，压气机第一级叶片的㶲损失是其他级叶片的十多倍；另外涡轮冷却空气也对涡轮㶲性能影响很大。特别是涡轮的前两级叶片，对工况更为敏感。

1.3.4.5　性能退化趋势分析

Mathioudakis 等[98]采用非线性方法，构建了目标函数，并对采集的基于时间序列的数据进行了平滑处理，对叶轮机械的性能退化趋势进行了研究。陈果[28]用结构自适应神经网络预测航空发动机性能趋势。

Gulen 等[99]基于一个实时在线性能监控系统，利用当前数据和历史数据来评估叶轮机械的性能，从经济学的角度为客户预测压气机清洗和过滤器更换的最佳时机。他们计算出燃烧室的形状因子（形状因子的定义为测量燃烧室温度的所有热电偶中的最大读数和平均读数之比，用来衡量燃烧室性能的参数）和压气机的效率，用来预兆和诊断叶轮机械的性能变化。

Veer 等[100]为了利用测量参数来实时监控评估叶轮机械的运行性能，提出了基于基准值的修正因子这一方法消除了因工况、运行时间和环境等因素的改变而带来测量参数的变化。同时，修正因子的方法也能用于叶轮机械的性能诊断和预测。

1.3.5　叶轮机械状态预测研究

1.3.5.1　监控参数选择和拓展研究

鉴于可测参数稀少，为了有效地监控叶轮机械的技术状况，许多学者对监控参数的选择和拓展开展了大量的研究工作。

参数选择的主要方法包括：影响系数分类法、特征向量法、遗传优化方法等[101]。

Urban[45]利用关于测量参数的不确定度和小偏差系数的均方根作为指标，来优化选择故障诊断中的测量参数的设置。

鉴于测量参数很少，气路分析方法在实用上受到很大限制。陈大光等[48]为解决这一困难，提出了在多个工作状态下记录叶轮机械监测参数值以便增加测量参数信息量，拓展了叶轮机械测量参数数量。但是该方法在实际运用过程中，如果状态选择不当，如各状态太靠近，影响系数阵可能是相关的；小偏差方程组实际上有可能是病态的；再加上测量误差影响，还是不能从根本上解决测量参数的问题。

唐耿林[49]通过对 JTD－7R4E 发动机进行研究，利用敏感性、相关性和 J 值分析选择性监视参数。

Kamboukos 等[101]结合总敏感度分析、矩阵的条件数分析等线性代数方法对测量参数选择和健康参数选择进行了研究。

Ariputhran[102]利用分级分析、复杂故障辨识、可观测性分析三种方法对故障诊断中的参数选择进行了分析和优化。其中，分级分析主要选用对应于各种故障的最高敏感度测量参数的最佳组合作为优化结果。复杂故障辨识主要是通过选择增加合适的测量参数，以对复杂故障的有效辨识为目的，来优化测量参数的组合。可观测性分析主要对所有测量参数中，通过测量参数的相似度、部件性能退化的相似度来排除多余的具有线性关系的测量参数，达到最佳测量参数组合。

Kamboukos 和 Mathioudakis[72]结合稳态和瞬态数据来对叶轮机械的健康状况进行评估，即增加使用了测量参数在叶轮机械加速过程中的几个时间常数作为可供选择的评估指标。

Mathioudakis 和 Kamboukos[103]用雅克比矩阵的条件数应该小于 100 作为评估气路故障诊断的有效度的方法，对线性诊断系统的测量参数选择、健康参数选择，以及多点诊断方法的运行点选择进行了研究和分析。

1.3.5.2　基于时间序列的预测方法研究

时间序列是指将时间作为自变量并按照时间顺序记录事物现象的一列数据集。由于时间序列中包含较强的随机性，仅通过对时间序列的观察总结事物的发展规律而预测其未来变化趋势存在很大的误差。为了提高预测的准确性，通过观察和分析时间序列的发展趋势，挖掘各序列值的内涵信息，进而预测其未来走势。其预测效果较好，在电力负荷、气象预报、股票走势等领域的预测已得到了广泛的应用。这种预测方法即为时间序列分析方法。

时间序列分析方法可以分为频谱分析法和时域分析法两类。频谱分析法将时间序列利用傅里叶变换转化到频域的角度来探究时间序列中蕴含的内在规律[104]，但由于其对数学基础理论要求较高，分析过程较为复杂，分析结果比较抽象，在工程中较少使用。时域分析方法从各序列值相关性的角度来揭示时间序列中的规律信息[105]，与频谱分析法相比，计算流程规范、算法简单且结果直观。在时域分析方法中，时间序列中的各序列值之间存在固定的相关性，而这种相关性导致时间序列在变化过程中存在一定的发展惯性。因此，寻找和分析序列值之间的统计规律，通过恰当的数学模型来体现这种规律，并利用该模型实现对象状态的预测已成为时间序列分析研究的重点。

时间序列方法发展至今，常见的时间序列预测模型主要分为平稳时间序列预测模型和非平稳时间序列预测模型两大类。其中，平稳时间序列模型包括自回归（auto regress，AR）模型、移动平均（moving average，MA）模型以及自回归移动平均（ARMA）模型三种[106-107]；非平稳时间序列的预测模型包括差分整合自回归移动平均（auto regression integrated moving average，ARIMA）模型和包含季节效应的差分整合自回归移动平均（seasonal ARIMA，SARIMA）模型[108]两种。非平稳时间序列既包含可以体现时间序列的发展趋势，又包含与时间序列相关性较弱的噪声扰动，在拟合时间序列预测模型之前，可先采用相应的降噪方法剔除时间序列中的不规则扰动，并提取出包含事物现象所有特征信息的时间序列趋势，最后根据时间序列趋势拟合对应的时间序列预测模型，可有效提高时间序列预测的精度。

在时间序列数据的降噪方面，经验模态分解（empirical mode decomposition，EMD）常和小波阈值降噪（wavelet threshold denoising，WTD）方法结合用于非平稳时间序列的分解和降噪[109-112]，Duan 等[113]在 EMD 算法的基础上提出了中值回归经验模态分解（median regression EMD，MREMD）方法，利用自回归模型（AR）延拓信号端点，优化了包络线的生成方式，有效解决了 EMD 的"端点效应"问题；由于 MREMD 的本征模态函数（instrinsic mode function，IMF）含噪信息不一，通常选择频率最高的 IMF 分量进行小波阈值降噪而不对其余分量进行降噪处理，Wang 等[114]提出了根据 IMF 分量与初始信号的均方根误差和相关系数来定量筛选噪声分量的方法，具有普适性；Chang 等[115]改进了信号噪声的小波阈值及阈值函数的生成方式，与传统阈值降噪方法[116]相比具有更高的信噪比和更小的均方根误差。

在非平稳时间序列的趋势项提取和预测方面，Ruiz-Aguilar 等[117]为对风速数据进行预测提出了基于排列熵（permutation entropy，PE）的经验模态分解趋势项提取算法，并结合人工神经网络（artificial neural network，ANN）的预测模型对提取的趋势进行预测，计算了预测数据与实际数据的相关系数并验证了预测精度，与未引入排列熵算法的 EMD – ANN 算法[118-119]相比具有更好的预测效果；Chen 等[120]提出了基于集合经验模态分解（ensemble EMD，EEMD）和奇异值分解（singular value decomposition，SVD）的排列熵非平稳时间序列趋势提取方法，并通过与文献［121］和文献［122］的对比证明了该算法的优越性，但由于 EEMD 的各个本征模态函数（IMF）含噪信息不一，在分解后的噪声分量和信号分量的分界问题方面未做量化分析而选择直接去掉最高频分量的方法，导致最高频 IMF 分量中的信号信息丢失，而其余分量未进行降噪处理，导致后续趋势提取误差增大；Behera 等[123]利用差分整合自回归移动平均（ARIMA）模型对公共部门每天接到的电话次数进行预测，并与实际数据对比分析，验证了模型的有效性，其预测结果可作为部门管理层规划员工日常工作量的参考。由于在实际装备系统的运行历史数据中往往包含较多干扰，直接采用 ARIMA 模型预测误差较大。因此，针对采集得到的参数运行时间序列，首先，应采用相应降噪算法降低数据中的不规则扰动；其次，提取参数运行过程中的实际趋势；最后，选取符合参数数据特征的时间序列预测模型对数据趋势预测，得到时间序列的趋势预测序列，计算流程如图 1.2 所示。

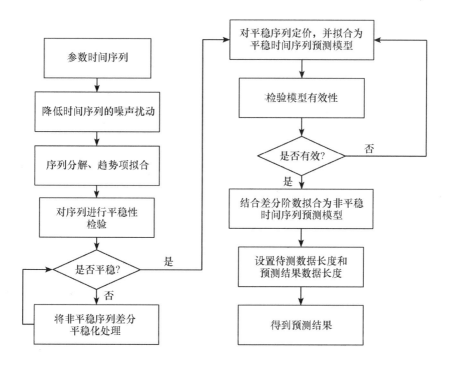

图 1.2　时间序列分析方法计算流程图

1.3.5.3　多参数相关性分析方法研究

在实际叶轮机械系统中，影响装备运行状态的因素多且复杂，其运行状态应是所有与之相关评估参数的综合评价。目前，国内外多参数相关性分析方法种类繁多，但总体上分为主观赋权法与客观赋权法两大类，其中主观赋权法包括层次分析法[124-128]、模糊综合评判法[129-134]等，客观赋权法包括灰关联分析法[135-137]、理想解法[138-140]等。主观赋权法虽然将影响研究对象的多个指标通过定量分析与定性分析有效结合起来，但由于指标赋权过程中存在相当程度的主观判断，易出现相同评价人员在不同环境和时间对同一事物评价不一致的情况，甚至背离事物实际状况[141-143]；与主观赋权法相反，客观赋权法的计算过程简单、计算结果唯一，且不会出现计算结果与实际结果不一致的情况。

理想解法根据研究对象的主要特征构造正理想解与负理想解，计算各种影响参数与正、负理想解的距离，然后以接近正理想解与负理想解的距离程度作为评价影响因素重要程度的依据。王珊珊等[144]为实现对电网系统中一次智能设备的运行状态评估，以其设备运行信息作为数据支撑，在建立的设备状态评价指标的基础上，利用理想解法计算得到各参数的权重值，实现了理想解法在电网系统中设备运行状态评估的成功应用。Dong 等[145]在原始指标矩阵的赋权计算中采用了熵权法并形成了熵权－理想解法，使得到的加权标准化矩阵更具客观性，并针对火力发电机组的综合评价问题，建立了可靠性、经济性、技术监督性、运行安全性 4 个一级评价指标及 20 个二级评价指标，并使用理想解法对其运行状况进行了有效评价，对发电同时进行清洁生产的措施制定具有重要意义。吴飞美等[146]提出了将理想解法与灰关联分析法相结合的动态评价方法，得到了多指标的综合权重，并对我国东部 10 省市的经济效益做评价，得到了各省市经济效益的综合评价权值与排名，从而验证了方法的有效性。

灰关联度算法根据不同参数的时间序列曲线在几何形状上的相似程度来描述事物的关联程度，但在后续研究中也有学者指出邓氏关联度[147]在计算过程中受到的影响因素较多[148]；水乃翔等[149]从事物动态变化的相近、相似性角度提出了 B 型关联度算法，通过计算两参数时间序列曲线相近程度的位移差和曲线动态变化过程中的速度差来综合描述两者的关联程度；罗党和张曼曼[150]基于 B 型关联度算法，分析了豫北某地区的干旱灾害风险指数与其对应影响因素间的相互关系大小，为自然灾害的有效防护提供了参考；赵力[151]采用 B 型灰关联法对多传感器采集的信息进行了关联性分析和信息融合处理，并与模糊理论方法及逆行对比分析，指出了传统关联性分析方法的优缺点，提出了基于 EMD 结合 B 型灰关联分析的多传感器信息关联分析方法。

综上所述，熵权－理想解法通过距离测度来描述两种评价对象的接近程度，这种方法只能体现位置关系，无法体现各待评对象数据序列间的态势变化情况；而灰关联算法通过两种研究对象的曲线几何相似程度来描述相关性大小，此方法只能反映数据曲线的态势变化情况，无法反映位置关系；采用基于熵权－理想解法和灰关联分析的参数相关性计算模型，可以在确定参数自身重要程度的基础上，兼顾参数之间的变化趋势和位置关系的相似性。

第 2 章
叶轮机械精确特性的预测

2.1 引 言

叶轮机械的仿真建模，需要对各部件的特性进行数值描述，而数值描述的优劣直接影响仿真模型的实时性强弱和精确性高低。同时，其不存在普适的特性，因为样机和姊妹机组的特性存在明显差异。

目前对曲线簇形式表示的部件特性的处理方法有插值、神经网络和回归拟合等，这些方法各有特点。对于压气机特性，常用网格离散压气机部件特性图上的等转速线和等效率线，将所得到的数据以数据列表的形式存储，调用计算时进行二维插值求解。但是当插值点不在网格节点上时，调用计算需要经过多次插值，会出现计算量增大、精度降低等问题。神经网络具有高度非线性映射的能力，由于采用隐式内部知识表达方式，所以对输入和输出变量之间的关系缺乏物理解释。同时，神经网络还存在泛化能力不足的问题。因此，本章选择用麦夸尔特（Marquardt）算法[152]进行特性曲线拟合。

在实际运用中，麦夸尔特算法中的雅克比（Jacobi）矩阵 $J(x, b^*)$ 非奇异这一条件往往过强，而且非奇异性条件表明麦夸尔特算法所得到的解是局部最优的。为了获得全局最优，许多学者对麦夸尔特算法中的非负参数 λ 的取值进行了有意义的探索和研究，Yamashita 和 Fukushima[153]证明了当选取 $\lambda_k =$

$\parallel F_k \parallel^{\delta}$ 且 $\delta \in (0, 2]$ [其中，F 为最小二乘的目标函数，在本章中，$F = y - f(x, b)$] 时，在局部误差界条件下，麦夸尔特算法具有超线性收敛性。杨柳和陈艳萍[154] 构建了一种新的 λ 迭代方法，即取 $\lambda_k = \parallel J_k^T F_k \parallel$，在弱于非奇异性条件的局部误差界下，证明了该方法仍具有局部二次收敛速度。2008 年，杨柳和陈艳萍[155] 给出了一种新的全局收敛的 λ 迭代方法，即取 $\lambda_k = \alpha_k [\theta \parallel F_k \parallel + (1 - \theta) \parallel J_k^T F_k \parallel]$，$\theta \in [0, 1]$，式中 α_k 利用信赖域技巧来修正[156]，证明了其全局收敛性和局部二次收敛性。2009 年，Fan 和 Pan[157] 给出了新的迭代公式：$\lambda_k = \alpha_k \rho_k$，式中当 $O(\parallel F_k \parallel^{\delta}) \leqslant 1$ 时，$\rho_k = O(\parallel F_k \parallel^{\delta})$，否则 $\rho_k = 1$。

刘喜超和唐胜利[158] 采用偏最小二乘法对压气机特性曲线进行了拟合，并运用相对误差和相关系数平方 R^2 来评价拟合的效果。

西方有一个著名的哲理："世界上没有两片完全相同的叶子。"把这个哲理引入叶轮机械装置的特性研究中，同样存在这样一个现象：由于叶轮机械在制造、安装、调试中存在的差异，即使是同一型号的姊妹机组，其特性也不完全相同。虽然叶轮机械的部件特性可通过试验获取，但过程耗费昂贵、周期长，且不可能对每台叶轮机械均进行特性试验；同时，基于商业秘密和知识产权的保护等，设计和生产单位一般也不会提供完整的叶轮机械部件特性数据，特别是在整机共同工作情况下，控制、部件之间的平衡等因素的影响会使部件特性发生变化，进而对叶轮机械仿真建模的精度造成较大影响。而叶轮机械性能退化和健康管理的前提是以叶轮机械在健康状态下的精确特性作为基准态。

针对上述问题，本书首先基于最小二乘法对样机部件的特性进行拟合，并用具有全局收敛的麦夸尔特算法来实现样机部件特性的获取。然后根据健康状态下的目标机在试车台上实测数据，对目标机进行自适应建模，以预测及获取该叶轮机械的精确特性。

2.2 叶轮机械特性曲线拟合

曲线拟合实质上是一个最优化的过程，所以可用于曲线拟合的方法有很多，既有传统的最优化方法如高斯－牛顿法、麦夸尔特算法，又有智能优化方法如遗传算法、模拟退火算法等。

高斯－牛顿法可实现待定参数的同时寻优，避免图解试凑、反复调整，所求参数拟合精度较高。但是，该方法存在一个问题，如果初始值选择不当，经过迭代，函数可能不收敛，出现愈迭代愈发散的情况。

智能优化方法虽然不依赖梯度信息，只是通过"物竞天择，适者生存"的仿生学理念来进行优化迭代，所以对初始值要求不是很高，但智能优化方法必须给定待定参数的变化范围以缩小寻优范围，并达到减小迭代次数的目的。而给出（或猜出）待定参数的范围是相当困难的，特别是参数量较多时，更是难上加难。但如果给出的待定参数的范围过大，则耗时很长，而且所得的拟合精度不如传统的方法。

麦夸尔特算法利用梯度来求最大（小）值，也是属于一种"爬山"算法。麦夸尔特算法同时具有梯度法和高斯－牛顿法的优点：当阻尼因子 λ 很小时，步长约等于高斯－牛顿法步长；当阻尼因子 λ 很大时，步长约等于梯度法的步长。故本节采用改进的具有全局收敛的麦夸尔特算法对叶轮机械特性曲线进行拟合。

2.2.1 改进的麦夸尔特算法

非线性关系式的一般形式为：

$$y = f(x_1, x_2, \cdots, x_p; b_1, b_2, \cdots, b_m) + \varepsilon \tag{2.1}$$

式中：f 为已知的非线性函数表达式；x_1，x_2，$\cdots$，x_p 为 p 个自变量；b_1，b_2，$\cdots$，b_m 为 m 个待估未知参数，即拟合公式中的待定系数；ε 为随机误差项，包括

叶轮机械性能退化分析与预测

观测样本中包含的测量误差、函数表达式和观测样本中存在的函数规律之间的差异等。

设对 y 和 x_1，x_2，$\cdots$，x_p 通过 n 次观测，得到 n 组 $p+1$ 维的数据：$(x_{i1}$，x_{i2}，$\cdots$，x_{ip}，$y_i)$，$i=1$，2，$\cdots$，n，将自变量的第 i 次观测值代入式（2.1）可得：

$$f(x_{i1},x_{i2},\cdots,x_{ip};b_1,b_2,\cdots,b_m)=f(\boldsymbol{x}_i,\boldsymbol{b}) \tag{2.2}$$

由于 x_{i1}，x_{i2}，$\cdots$，x_{ip} 是已知数，故 $f(\boldsymbol{x}_i,\boldsymbol{b})$ 是待定系数 b_1，b_2，$\cdots$，b_m 的函数，先给 $\boldsymbol{b}$ 一个初值 $\boldsymbol{b}^{(0)}=(b_1^{(0)}$，$b_2^{(0)}$，$\cdots$，$b_m^{(0)})$，将 $f(\boldsymbol{x}_i,\boldsymbol{b})$ 在 $\boldsymbol{b}^{(0)}$ 处按泰勒级数展开，同时为了简化计算，获取有效的算法，略去二次以及二次以上的项，可得：

$$f(\boldsymbol{x}_i,\boldsymbol{b}) \approx f(\boldsymbol{x}_i,\boldsymbol{b}^{(0)}) + \frac{\partial f(\boldsymbol{x}_i,\boldsymbol{b})}{\partial b_1}\bigg|_{\boldsymbol{b}=\boldsymbol{b}^{(0)}}(b_1-b_1^{(0)}) +$$

$$\frac{\partial f(\boldsymbol{x}_i,\boldsymbol{b})}{\partial b_2}\bigg|_{\boldsymbol{b}=\boldsymbol{b}^{(0)}}(b_2-b_2^{(0)}) + \cdots + \frac{\partial f(\boldsymbol{x}_i,\boldsymbol{b})}{\partial b_m}\bigg|_{\boldsymbol{b}=\boldsymbol{b}^{(0)}}(b_m-b_m^{(0)})$$

$$\tag{2.3}$$

式（2.3）为待定系数 b_1，b_2，$\cdots$，b_m 的线性函数。对式（2.3）用最小二乘法原理作为目标函数，可得：

$$Q = \sum_{i=1}^{n}\left\{y_i - \left[f(\boldsymbol{x}_i,\boldsymbol{b}^{(0)}) + \sum_{j=1}^{m}\frac{\partial f(\boldsymbol{x}_i,\boldsymbol{b})}{\partial b_j}\bigg|_{\boldsymbol{b}=\boldsymbol{b}^{(0)}}(b_j-b_j^{(0)})\right]\right\}^2 + \lambda\sum_{j=1}^{m}(b_j-b_j^{(0)})^2$$

$$\tag{2.4}$$

式中：$\lambda \geqslant 0$，为阻尼因子。当 $\lambda=0$ 时，就是高斯－牛顿法，即高斯－牛顿法是麦夸尔特算法的特殊形式，它对迭代初始值 $\boldsymbol{b}^{(0)}$ 的选择要比麦夸尔特算法更加严格。

欲使 Q 达到最小值，令 Q 分别对 b_1，b_2，$\cdots$，b_m 的一阶偏导数为零，可得：

$$0 = \frac{\partial Q}{\partial b_k} = 2 \sum_{i=1}^{n} \left\{ y_i - \left[f(\boldsymbol{x}_i, \boldsymbol{b}^{(0)}) + \sum_{j=1}^{m} \frac{\partial f(\boldsymbol{x}_i, \boldsymbol{b})}{\partial b_j} \bigg|_{\boldsymbol{b} = \boldsymbol{b}^{(0)}} (b_j - b_j^{(0)}) \right] \right\}$$

$$\left(-\frac{\partial f(\boldsymbol{x}_i, \boldsymbol{b})}{\partial b_k} \bigg|_{\boldsymbol{b} = \boldsymbol{b}^{(0)}} \right) + 2\lambda(b_k - b_k^{(0)}), k = 1, 2, \cdots, m$$

$$(2.5)$$

将式（2.5）进行整理可得：

$$\begin{cases} (a_{11} + \lambda)(b_1 - b_1^{(0)}) + a_{12}(b_2 - b_2^{(0)}) + \cdots + a_{1m}(b_m - b_m^{(0)}) = a_{1y} \\ a_{21}(b_1 - b_1^{(0)}) + (a_{22} + \lambda)(b_2 - b_2^{(0)}) + \cdots + a_{2m}(b_m - b_m^{(0)}) = a_{2y} \\ \vdots \\ a_{m1}(b_1 - b_1^{(0)}) + a_{m2}(b_2 - b_2^{(0)}) + \cdots + (a_{mm} + \lambda)(b_m - b_m^{(0)}) = a_{my} \end{cases} \quad (2.6)$$

其中：$a_{jk} = \sum_{i=1}^{n} \frac{\partial f(\boldsymbol{x}_i, \boldsymbol{b})}{\partial b_j} \bigg|_{\boldsymbol{b} = \boldsymbol{b}^{(0)}} \frac{\partial f(\boldsymbol{x}_i, \boldsymbol{b})}{\partial b_k} \bigg|_{\boldsymbol{b} = \boldsymbol{b}^{(0)}}, a_{jy} = \sum_{i=1}^{n} [y_i - f(\boldsymbol{x}_i, \boldsymbol{b}^{(0)})]$

$\frac{\partial f(\boldsymbol{x}_i, \boldsymbol{b})}{\partial b_j} \bigg|_{\boldsymbol{b} = \boldsymbol{b}^{(0)}}, j = 1, 2, \cdots, m, k = 1, 2, \cdots, m_{\circ}$

由式（2.6）可解得：

$$\boldsymbol{b} = \begin{bmatrix} b_1 \\ b_2 \\ \vdots \\ b_m \end{bmatrix} = \begin{bmatrix} b_1^{(0)} \\ b_2^{(0)} \\ \vdots \\ b_m^{(0)} \end{bmatrix} + \begin{bmatrix} a_{11} + \lambda^{(0)} & a_{12} & \cdots & a_{1m} \\ a_{21} & a_{22} + \lambda^{(0)} & \cdots & a_{2m} \\ \vdots & \vdots & & \vdots \\ a_{m1} & a_{m2} & \cdots & a_{mm} + \lambda^{(0)} \end{bmatrix}^{-1} \begin{bmatrix} a_{1y} \\ a_{2y} \\ \vdots \\ a_{my} \end{bmatrix} \quad (2.7)$$

令 $\boldsymbol{J}(\boldsymbol{x}, \boldsymbol{b})$ 为函数矩阵 $\boldsymbol{f}(\boldsymbol{x}, \boldsymbol{b})$ 的一阶偏导数组成的雅克比矩阵，即：

$$\boldsymbol{J}(\boldsymbol{x}_i, \boldsymbol{b}) = \begin{bmatrix} \frac{\partial f(\boldsymbol{x}_1, \boldsymbol{b})}{\partial b_1} & \frac{\partial f(\boldsymbol{x}_1, \boldsymbol{b})}{\partial b_2} & \cdots & \frac{\partial f(\boldsymbol{x}_1, \boldsymbol{b})}{\partial b_m} \\ \frac{\partial f(\boldsymbol{x}_2, \boldsymbol{b})}{\partial b_1} & \frac{\partial f(\boldsymbol{x}_2, \boldsymbol{b})}{\partial b_2} & \cdots & \frac{\partial f(\boldsymbol{x}_2, \boldsymbol{b})}{\partial b_m} \\ \vdots & \vdots & & \vdots \\ \frac{\partial f(\boldsymbol{x}_n, \boldsymbol{b})}{\partial b_1} & \frac{\partial f(\boldsymbol{x}_n, \boldsymbol{b})}{\partial b_2} & \cdots & \frac{\partial f(\boldsymbol{x}_n, \boldsymbol{b})}{\partial b_m} \end{bmatrix} \quad (2.8)$$

则 $\boldsymbol{f}(\boldsymbol{x}, \boldsymbol{b})$ 的海塞（Hesse）矩阵 $\boldsymbol{H}(\boldsymbol{x}, \boldsymbol{b})$ 为：

$$H(x,b) = J^{\mathrm{T}}(x,b)J(x,b) \tag{2.9}$$

式（2.7）可简写为：

$$b = b^{(0)} + [H(x,b^{(0)}) + \lambda E]^{-1}J^{\mathrm{T}}(x,b^{(0)})[y - f(x,b^{(0)})] \tag{2.10}$$

式中：E 为 $m \times m$ 维的单位矩阵。式（2.10）就是麦夸尔特算法的迭代公式。

由式（2.10）可知，待定系数 b 与初值 $b^{(0)}$ 有关。若求解得到的 b_j 与 $b_j^{(0)}$ 之差的绝对值很小，可认为计算成功。如果 $\|b - b^{(0)}\|$ 较大，则把上一步得到的 b 作为新的 $b^{(0)}$ 代入式（2.10）中，循环迭代计算，直到 $\|b - b^{(0)}\|$ 达到收敛容许误差或最大迭代数为止。

在式（2.10）中，因为 $J^{\mathrm{T}}(x, b^{(0)})[y - f(x, b^{(0)})]$ 是定值，故 λ 越大必然使得 $\|b - b^{(0)}\|$ 越小，极端情况下有 $\lim\limits_{l \to \infty} \|b - b^{(0)}\| = 0$（式中 l 为迭代次数）。λ 过大将增加迭代次数，为了减少迭代次数，λ 又要选小。λ 选择的界限是看残差平方和是否下降，若下降，则减小 λ，否则增大 λ。

麦夸尔特算法通过引进非负参数 λ，对高斯－牛顿法中的牛顿步：$b = b^{(0)} + [H(x, b^{(0)})]^{-1}J^{\mathrm{T}}(x, b^{(0)})[y - f(x, b^{(0)})]$ 进行改进，克服了 $J(x, b)$ 几乎奇异或坏条件时牛顿步所带来的困难，选取恰当的阻尼因子 λ 既可以保证 $[J^{\mathrm{T}}(x, b)J(x, b) + \lambda E]$ 非奇异，又能避免在迭代过程中出现过大的 $\|b - b^{(0)}\|$。另外，当 $J(x, b)$ 奇异时，牛顿步没有定义，而非负参数 λ 则保证了麦夸尔特算法中的式（2.10）是有意义的。

假设式（2.2）的解集非空且记为 B^*，若 $J(x, b^*)$ $(b^* \in B^*)$ 非奇异且初始点 $b^{(0)}$ 离 b^* 充分靠近，则麦夸尔特算法产生的迭代点列二阶收敛于 b^*。

本书选取参数 $\lambda_k = \alpha_k[\theta\|F_k\| + (1 - \theta)\|J_k^TF_k\|]$，$\theta \in [0, 1]$，基于这种具有全局收敛性的麦夸尔特算法进行特性曲线的拟合。其中 α_k 利用信赖域技巧的修正原理如下所述[156]。

定义目标函数 $\|F\|^2$，第 k 步迭代的实际下降量 $Ared_k$、预估下降量 $Pred_k$ 分别为：

$$Ared_k = \|F_k\|^2 - \|F(b^{(k)} + \Delta b^{(k)})\| \tag{2.11}$$

$$Pred_k = \|F_k\|^2 - \|F_k - J_k\Delta b^{(k)}\|^2 \tag{2.12}$$

式中：$\Delta \boldsymbol{b}^{(k)} = \boldsymbol{b}^{(k+1)} - \boldsymbol{b}^{(k)}$。

实际下降量 $Ared_k$ 和预估下降量 $Pred_k$ 的比值 r_k 为：

$$r_k = \frac{Ared_k}{Pred_k} \tag{2.13}$$

r_k 可用于决定是否接受试探步 $\Delta \boldsymbol{b}^{(k)}$ 以及调整迭代参数中 α_k 因子的大小。一般来说，r_k 越大，说明目标函数 $\|\boldsymbol{F}\|^2$ 下降得越多，因此接受 $\Delta \boldsymbol{b}^{(k)}$，期望下一试探步 $\Delta \boldsymbol{b}^{(k+1)}$ 更长，故减小 α_k。反之，r_k 越小，考虑拒绝接受 $\Delta \boldsymbol{b}^{(k)}$，增大 α_k。

全局收敛的麦夸尔特算法主要步骤如下：

步骤 1：给定 $\boldsymbol{b}^{(1)} \in R^m$，$\varepsilon \geqslant 0$，$\alpha_1 > m > 0$，$0 \leqslant p_0 \leqslant p_1 \leqslant p_2 < 1$，$k := 1$。如果 $\|\boldsymbol{J}_k^{\mathrm{T}} \boldsymbol{F}_k\| \leqslant \varepsilon$，则停止计算；否则取 $\lambda_k = \alpha_k [\theta \|\boldsymbol{F}_k\| + (1-\theta) \|\boldsymbol{J}_k^{\mathrm{T}} \boldsymbol{F}_k\|]$，代入麦夸尔特算法求解 $\Delta \boldsymbol{b}^{(k)}$。

步骤 2：计算 r_k。

步骤 3：计算 $\boldsymbol{b}^{(k+1)}$：如果 $r_k > p_0$，取 $\boldsymbol{b}^{(k+1)} = \boldsymbol{b}^{(k)} + \Delta \boldsymbol{b}^{(k)}$；否则取 $\boldsymbol{b}^{(k+1)} = \boldsymbol{b}^{(k)}$。

步骤 4：计算 α_{k+1}：如果 $r_k < p_1$，取 $\alpha_{k+1} = 4\alpha_k$；如果 $p_1 \leqslant r_k \leqslant p_2$，取 $\alpha_{k+1} = \alpha_k$；否则取 $\alpha_{k+1} = \max\left\{\dfrac{\alpha_k}{4}, m\right\}$。

步骤 5：令 $k := k+1$，转步骤 2。

在该全局收敛的麦夸尔特算法中，m 为一给定常数，它是参数因子 α_k 的下界。当迭代点列靠近最优解时，应防止试探步过大引起的数值困难。

2.2.2　特性曲线拟合

拟合是探求恰当的函数表达式，运用较好的算法，近似描述存在于各种实际物理量之间函数关系的过程。

对测量样本进行曲线拟合的过程，从通过曲线拟合方法来确定的函数关系的物理来源来分析，可以分为两种情况：一种是观测量 y 与 x 之间的函数关系具体形式已知，即在过去的实验和理论工作中已把它确定下来，这次实验要解决的问题是给出其中未定参数的最佳估计值；另一种是虽然观测量 y 与 x 之间应该存在某种函数关系，但实际上在实验进行前，并不清楚 y 和 x 之间函数关系的具体形式。换言之，需要通过实验找出它们之间联系的经验公式。

在后一种情况下，可以采取的做法是假定它们之间的函数关系属于包含几个未知参量的某类函数，把实验分析工作变成寻找这些参量的最佳估计值，从而可以和前一种情形同样处理。这时需要考虑的问题是：如果选用的函数形式与真实的形式存在较大偏差，虽然在所选择的函数范围内找到了参数的最佳估计值，但仍有可能与实际符合得不好。因此，需要有一定的办法对所选用的函数形式是否妥当进行检验。其实，这种检验对第一种情形也是必要的，检验采用的已知函数关系是否可靠。

本节在对叶轮机械的特性曲线进行拟合前，借鉴和引用测绘、化工等领域的拟合效果检验指标，提出用残差平方和 SSE、均方差 $RMSE$、相关系数平方 R^2、检验指标 Q_1、检验指标 Q_2 五个拟合效果检验指标来检验特性曲线拟合效果。

（1）残差平方和 SSE

$$SSE = \sum_{i=1}^{n} (y_i - \hat{y}_i)^2 \tag{2.14}$$

式中：y_i 为测量值；$\hat{y}_i$ 为拟合值。SSE 越接近 0，拟合效果越好。

（2）均方差 $RMSE$

$$RMSE = \sqrt{\frac{\sum_{i=1}^{n} (y_i - \hat{y}_i)^2}{n - m}} = \sqrt{\frac{SSE}{n - m}} \tag{2.15}$$

式中：n 为观测样本个数；m 为待估的未知参数个数。$RMSE$ 越接近 0，拟合效果越好。

（3）相关系数平方 R^2

$$R^2 = 1 - \frac{\sum_{i=1}^{n} (y_i - \hat{y}_i)^2}{\sum_{i=1}^{n} (y_i - \bar{y})^2} \tag{2.16}$$

式中：$\bar{y}$ 为测量样本的平均值。R^2 越接近 1，拟合效果越好。

（4）检验指标 Q_1

$$Q_1 = \chi^2 - (n - m) = \sum_{i=1}^{n} \frac{(y_i - \hat{y}_i)^2}{\sigma_i^2} - (n - m) \tag{2.17}$$

式中：σ_i^2 为 y_i 的方差。

设 y_i 服从正态分布，则卡方系数 χ^2 服从自由度为（$n - m$）的 χ^2 分布，即 $\chi_{\min}^2 = n - m$。$\chi^2 - (n - m)$ 越小，表明拟合精度越高；χ^2 在（$n - m$）附近时，拟合还是合理的。但如果 $\chi^2 \gg (n - m)$，则可能存在拟合函数形式不合适、方差估计太小、测量样本的随机误差太大等问题。因为本书所用样本是试车台采集数据，所以可以忽略后面两种因素，Q_1 主要检验拟合形式是否和样本之间的物理规律吻合。

（5）检验指标 Q_2

$$Q_2 = 1 - P(\chi^2 < (n - m)) = 1 - \int_0^{\chi^2} \frac{t^{(n-m-2)/2} \mathrm{e}^{-t/2}}{2^{(n-m)/2} \Gamma((n-m)/2)} \mathrm{d}t \tag{2.18}$$

式中：$\Gamma(\cdot)$ 为伽马函数，即 $\Gamma(\alpha) = \int_0^{\infty} \mathrm{e}^{-t} \mathrm{e}^{\alpha-1} \mathrm{d}t$。检验指标 Q_2 与 0.5 接近，表示多项式拟合阶次适当。

综上，在这五个拟合效果检验指标中，残差平方和 SSE、均方差 $RMSE$、相关系数平方 R^2 三个指标侧重于检验拟合算法的寻优能力；检验指标 Q_1、Q_2 侧重于检验所选拟合函数形式的合适与否，既防止多项式拟合的阶次太低，拟合粗糙，又防止多项式拟合的阶次太高，过拟合，使得拟合模型纳入测量数据中的噪声。

本节以某型叶轮机械低压压气机的某等转速线上的"流量 – 压比"关系曲线 $G_C = f(\pi_C)$ 为例，对其进行多项式拟合。设流量为压比的三阶多项式：

$$G_C = b_1 + b_2 \pi_C + b_3 (\pi_C)^2 + b_4 (\pi_C)^3 \tag{2.19}$$

式中：G_C 为折合流量；b_1、b_2、b_3、b_4 为待定系数。

式（2.19）只涉及本节开始提出的第一类特性曲线拟合问题，即观测量 y 与 x 之间的函数关系具体形式已知，要解决的问题是给出其中未定参数的最佳估计值。实际上，叶轮机械特性曲线拟合中需要解决的是第二类特性曲线

叶轮机械性能退化分析与预测

拟合的问题，即寻找并确定观测量 y 与 x 之间存在的最佳函数关系，并给出其中待定参数的最佳估计值。

按照第 2.2.1 节的全局收敛麦夸尔特算法原理，对该多项式拟合的流程图如图 2.1 所示。

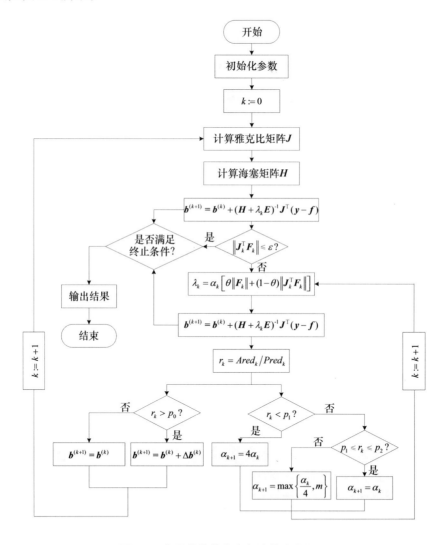

图 2.1 全局收敛的麦夸尔特算法流程图

根据图 2.1 的流程编写拟合程序，程序的基本控制参数设置如下：最大迭代次数 $N=1\ 000$ 次；收敛判断指标 $E=10^{-10}$；麦夸尔特算法的阻尼系数初值 $\lambda_0=0.01$；信赖域修正参数 $\alpha_0=10^{-7}$；全局收敛的有关参数 $p_0=10^{-4}$，$p_1=0.25$，$p_2=0.75$，$\theta=0.000\ 5$，$m=10^{-8}$。

拟合结果如图 2.2 所示。各拟合结果和测量样本的相对误差如图 2.3 所示，从拟合结果可知，拟合值和测量值之间的最大相对误差为 -0.08%，拟合效果较好。

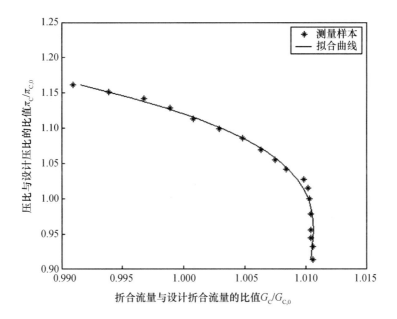

图 2.2　压气机"流量－压比"曲线

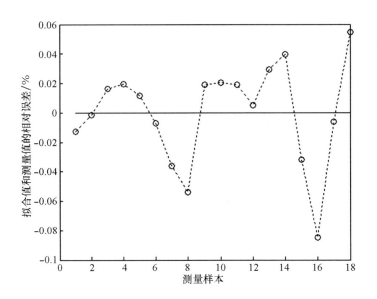

图 2.3　拟合值和测量值的相对误差

　　表2.1 为全局收敛的麦夸尔特算法与普通的麦夸尔特算法的比较结果。由表2.1 可知，尽管在拟合检验指标值上，全局收敛的麦夸尔特算法与普通的麦夸尔特算法具有相同的效果，但相对于普通的麦夸尔特算法需要 0.156 s、15 次迭代，全局收敛的麦夸尔特算法仅需要 0.031 s、4 次迭代。所以在该特性曲线的拟合中，尽管全局收敛的麦夸尔特算法最大的优点即收敛于全局最优的功能没有得到充分展示，但其较强的寻优迭代能力得到了验证。

表 2.1　两种麦夸尔特算法拟合的结果

项目	普通的麦夸尔特算法	全局收敛的麦夸尔特算法
迭代次数	15	4
拟合时间/s	0.156 0	0.031 0
残差平方和 SSE	0.013 8	0.013 8
均方差 $RMSE$	0.031 4	0.031 4
相关系数平方 R^2	0.997 1	0.997 1

续表

项目	普通的麦夸尔特算法	全局收敛的麦夸尔特算法
检验指标 Q_1	0.361 9	0.361 9
检验指标 Q_2	0.423 1	0.423 1

鉴于用多项式作曲线拟合时，大量计算及理论分析都表明，当最高阶次 $n \geq 7$，其算法方程的系数矩阵是病态的，并且是严重的病态。所以本节仅考虑最高阶次 $n \leq 6$，对某型叶轮机械低压压气机的某等转速线上的"流量-压比"关系曲线进行研究，并按照拟合检验指标来寻找并确定"流量-压比"之间存在的最佳函数关系，结果如表2.2所示。

表2.2　不同最高阶次多项式拟合的结果

最高阶次	$n=1$	$n=2$	$n=3$	$n=4$	$n=5$	$n=6$
残差平方和 SSE	0.952 0	0.041 5	0.013 8	0.013 8	0.007 8	0.004 2
均方差 $RMSE$	0.243 9	0.052 6	0.031 4	0.032 6	0.025 5	0.019 6
相关系数平方 R^2	0.800 6	0.991 3	0.997 1	0.997 1	0.998 4	0.999 1
检验指标 Q_1	974.619 2	28.221 1	0.361 9	1.361 3	$-3.860\ 0$	$-6.588\ 8$
检验指标 Q_2	0	0.000 1	0.423 1	0.348 9	0.774 1	0.956 3

由表2.2可知，随着最高阶次 n 的增大，SSE、$RMSE$、R^2 这三个指标呈现越来越好的趋势，结果表明在该曲线的多项式拟合中，随着最高阶次的增大，拟合精度得到提高。但由检验指标 Q_1 和 Q_2 可知，在 $n \geq 4$ 的拟合曲线中产生了"过拟合"，拟合曲线纳入了噪声。所以，在保证拟合精度的前提和避免纳入噪声的原则下，根据拟合检验指标值权衡考虑，最高阶次 $n=3$ 的函数为该等转速曲线的最佳"流量-压比"函数关系表达式。

2.2.3　特性曲线簇拟合

在稳态建模中，对于非转速控制的叶轮机械来说，转速的变化也是健康监控的重要参数之一，在建立叶轮机械模型中，特性方程就包括转速这个自变量，所以特性曲线拟合方程中，存在折合转速和压比这两个自变量。

压气机折合流量 G_C 和热效率 η_C 表达式分别为：

$$G_C = f_1(\pi_C, \bar{n}) \tag{2.20}$$

$$\eta_C = f_2(\pi_C, \bar{n}) \tag{2.21}$$

对式（2.20）和式（2.21）这种表达式进行多项式拟合，其实是多元回归问题，常用的综合方法有两种[158-159]：第一种是"结合法"，先用最小二乘法对等转速线分别拟合，不在等转速线上的点用插值方法求解；第二种是"两步法"，先用最小二乘法分别拟合等转速线，经坐标变换后对求得的系数进行第二步的转速拟合。这两种综合方法在一定程度上克服了原有的单一方法的缺点，但在实际拟合过程中也扩大了结果的误差。

本书将式（2.20）和式（2.21）中的自变量（压比 π_C、折合转速 $\bar{n}$）进行组合，从而引入多个自变量，如式（2.22）的形式进行拟合[158]：

$$y = \sum_{k=1}^{n} b_k x_k \tag{2.22}$$

式中：$x_1 = 1$，$x_2 = \pi_C$，$x_3 = \bar{n}$，$x_4 = \pi_C \cdot \bar{n}$，$x_5 = \pi_C^2$，$\cdots$，$x_n = \pi_C^i \cdot \bar{n}^j$；$n = (i+1) \cdot (j+1)$；$b_k$ 为多项式系数。

另外，考虑到叶轮机械部件特性在高工况和低工况时差别较大，故为了保证拟合精度，采取分段拟合的方法。同时，为了保证叶轮机械特性的平滑变化，高低工况分段处的两条等转速特性线分别在高、低工况的特性曲线簇中重复应用。

本节仍然用具有全局收敛的麦夸尔特算法进行拟合，具体步骤和方法和第2.2.2节相同。为了对比拟合效果，同时也采用了普通的麦夸尔特算法进行拟合。采取式（2.22）的形式，并取 $i = j = 3$，对某型叶轮机械低压压气机部分工况的特性曲线簇进行拟合，拟合结果如图2.4所示。普通的麦夸尔特算法拟合后的残差平方和 $SSE = 0.3891$，改进的麦夸尔特算法拟合后的残差平方和 $SSE = 0.2908$。因此，在曲线簇的拟合中，改进的麦夸尔特算法具有更好的全局收敛性。改进的麦夸尔特算法和普通的麦夸尔特算法拟合结果和测量样本的相对误差如图2.5所示。由图2.5可知，改进的麦夸尔特算法中各测量值和拟合值的相对误差整体上更靠近零，所以好于普通的麦夸尔特算法。

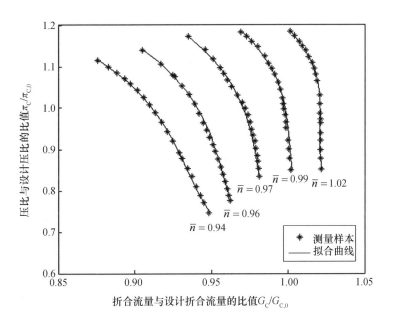

图 2.4　压气机"流量 – 压比"曲线簇

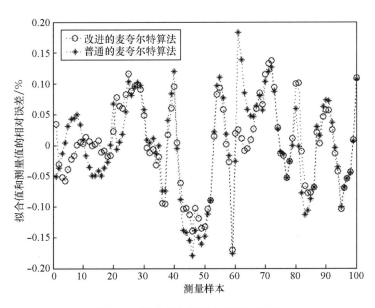

图 2.5　拟合值和测量值的相对误差

2.3 叶轮机械自适应建模

在叶轮机械的健康监控研究中，无论是性能退化评估还是气路故障诊断，其前提都是必须获取所研究的具体叶轮机械装置的精确的基准性能，即将其处于未发生性能退化的技术状态视为健康的叶轮机械状态，以此为基准态，通过气路参数和各种算法来实时监控和评估叶轮机械的性能。

本节根据自适应建模的原理[30]，分别采用多种智能优化算法，对所研究的叶轮机械装置的部件特性进行修正，优选较好的算法并获取该机组的精确部件特性，为叶轮机械的健康监控和性能退化评估奠定基础。

2.3.1 自适应建模原理

首先，将叶轮机械的热力学参数归为三类：

第一类是部件性能参数 X，即待修正的自适应参数，包括部件效率、流量等。

第二类是可测量参数 Y，即自适应建模的目标参数，包括叶轮机械各个部件进出口截面的工质的压力、温度、转速等。

第三类是输入参数和叶轮机械控制参数 u，即边界条件和控制条件，包括环境压力、环境温度以及叶轮机械控制策略等。

可测量参数 Y 和性能参数 X 存在热力学函数关系：

$$Y = f(X, u) \tag{2.23}$$

式中：$X \in R^n$ 为 n 维的待修正的部件性能参数向量；$Y \in R^m$ 为 m 维的测量参数向量；$u \in R^w$ 为 w 维的外部环境和控制参数向量。

由于部件特性不准确和叶轮机械模型本身的偏差，由叶轮机械计算出的可测量参数值 Y_{cal} 和实际测量参数 Y_{act} 值存在偏差，令偏差的相对值 $e = \parallel (Y_{act} - Y_{cal})/Y_{act} \parallel$。同时，叶轮机械平衡方程产生的残差相对值记为 ε，

$\varepsilon \in R^{v}$ 为 v 个平衡方程。

定义修正因子向量 $\boldsymbol{MF}$：

$$\boldsymbol{MF} = \frac{\boldsymbol{X}_{\text{act}}}{\boldsymbol{X}_{\text{ref}}} \qquad (2.24)$$

式中：$\boldsymbol{X}_{\text{act}}$ 为所研究的叶轮机械装置实际特性向量；$\boldsymbol{X}_{\text{ref}}$ 为已知叶轮机械装置的特性或该系列机组的通用标准特性向量。

为了消除因为测量参数的基数不同而对目标函数产生不同的影响，以相对偏差和相对残差构造加权目标函数 $\boldsymbol{FC}$：

$$\boldsymbol{FC} = \boldsymbol{a} \cdot \boldsymbol{e} + \boldsymbol{b} \cdot \boldsymbol{\varepsilon} = \sum_{i=1}^{m} a_i \left(\frac{Y_{i,\text{act}} - Y_{i,\text{cal}}}{Y_{i,\text{act}}} \right)^2 + \sum_{j=1}^{v} b_j \varepsilon_j^2 \qquad (2.25)$$

式中：a_i 和 b_j 为加权系数。

预选修正因子向量 $\boldsymbol{MF}^{(0)}$，代入式（2.24）初步计算出 $\boldsymbol{X}_{\text{act}}^{(0)}$，将 $\boldsymbol{X}_{\text{act}}^{(0)}$ 代入叶轮机械热力学模型中，式（2.23）变为：

$$\boldsymbol{Y} = f(\boldsymbol{X}, \boldsymbol{MF}, \boldsymbol{u}) \qquad (2.26)$$

将计算出的 $\boldsymbol{Y}_{\text{cal}}^{(0)}$ 代入加权目标函数 $\boldsymbol{FC}$，当 $\boldsymbol{FC}$ 值较大时，改变修正因子向量 $\boldsymbol{MF}$，进行迭代计算，直到 $\boldsymbol{FC}$ 值达到最小值 $\boldsymbol{FC}_{\text{min}}$ 或小于预设的目标值 δ（$\delta > 0$），得到最佳修正因子向量 $\boldsymbol{MF}_{\text{opt}}$，进而获得叶轮机械装置的特性 $\boldsymbol{X}_{\text{act}} = \boldsymbol{MF}_{\text{opt}} \cdot \boldsymbol{X}_{\text{ref}}$。

叶轮机械自适应建模流程如图 2.6 所示。

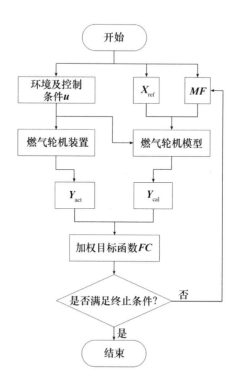

图 2.6　叶轮机械自适应建模流程

2.3.2　自适应建模算法

自适应建模本质上是数学的最优化问题，而最优化算法可分为传统优化算法和智能优化算法两大类。传统优化算法有线性规划的单纯形法、基于梯度的非线性规划的各种迭代算法等，在实际应用中发现主要存在以下难以克服的局限性：

（1）单点运算方式限制了传统优化算法的计算效率。从一个初始解开始，每次迭代只是对一个点进行计算，很难发挥出现代计算机高速计算的能力。因此，其很难应用现代并行计算模式，不具备求解大规模优化问题的能力。

（2）向改进方向移动限制了传统优化算法跳出局部最优的能力。要求每一步都降低目标函数值，即每一步迭代都向改进方向移动，一旦寻优过程进入某个局部的低谷，就局限在这个低谷区域内，不能搜索到该区域以外，失去了宝贵的全局搜索能力。

（3）停止条件仅是局部最优性条件。传统优化算法的梯度等于零并不是最优解的充分条件，只是必要条件，即满足算法停止条件的解不一定是最优解。

（4）对目标函数和约束函数的要求限制了算法的应用范围。传统的优化算法通常要求目标函数和约束函数是连续可微的解析函数，有些算法甚至要求目标函数和约束函数是高阶可微的。这种严格的要求使得其应用范围大打折扣。

相对于传统优化算法而言，智能优化算法有以下五个特点：

（1）对目标函数和约束函数的表达形式更为宽松。函数中可以含有逻辑、条件和规则关系，甚至只要一段程序描述的关系中可以输出一个返回值，就可作为目标函数或约束函数。

（2）计算效率比理论最优解更重要。由于一些实际问题的复杂性，往往造成问题的规模很大，但对时效性要求很高，如实时调度问题。这就要求优化算法能够高效快速找到满意解，至于最优与否不是十分重要。而智能算法是并行运行机制，故具有快速寻优的能力。

（3）算法随时终止都能得到较好的解。

（4）对优化模型中的数据的质量要求更加宽松。

（5）鲁棒性较好。这是由于智能优化算法是从大量随机生成的初始解开始，以"适应度"为准则来进行并行优化迭代。算法能高效地在复杂多维空间进行启发式全局优化搜索，收敛性和鲁棒性较强。

现代智能优化算法主要有遗传算法、模拟退火算法、粒子群算法、蚁群算法、差分进化算法、人工神经网络，以及上述算法的各种混合算法等。

基于叶轮机械的自适应建模中存在修正因子多而测量参数少，并且测量参数中还存在线性相关等特点，本书在自适应建模中采用智能优化算法，以达到合理的收敛解和全局寻优的目的。同时，为了选用较好的算法并相互验证所得的解，采用普通遗传算法、模拟退火改进遗传算法、差分进化算法这三种智能优化算法进行自适应建模。

2.3.2.1 遗传算法

遗传算法（genetic algorithm，GA）[160-162]是一种基于群体遗传演化的探索算法，模拟自然界生物进化过程，采用人工进化的模式对目标空间进行随机搜索。

遗传算法的步骤如下所述。

步骤1：染色体编码和解码。

设某一参数的取值范围为 $X \in [L, U]$。用长度为 k（k 的大小取决于 X 的有效数字）的二进制编码符号表示，共产生 2^k 种编码，参数编码的对应关系：

$$
\begin{array}{llll}
000000 & \cdots & 0000 = 0 & \rightarrow & L \\
000000 & \cdots & 0001 = 1 & \rightarrow & L + \delta \\
000000 & \cdots & 0010 = 2 & \rightarrow & L + 2\delta \\
\vdots & & \vdots & \rightarrow & \vdots \\
111111 & \cdots & 1111 = 2^k - 1 & \rightarrow & U
\end{array}
$$

其中：$\delta = \dfrac{U - L}{2^k - 1}$。

常见的优化问题中常常含有多个决策变量，此时就采用多参数编码方法。为了保证起主要作用的基因串在参数中得到较大程度的保留，将起主要作用的码位集中在一起，避免被遗传子轻易破坏。多参数交叉编码时，先对各个参数进行编码；然后将各个参数编码串的最高位连接在一起，以它们作为个体编码串前 N 位编码，同上依次排列之。

设遗传算法种群中的某一染色体的编码为 $b_k b_{k-1} b_{k-2} \cdots b_2 b_1$，则对应 X 的解码公式为：

$$
X = L + \left(\sum_{i=1}^{k} b_i \times 2^{i-1} \right) \times \frac{U - L}{2^k - 1} \tag{2.27}
$$

步骤2：初始化种群。

遗传算法以随机方法生成若干个体的集合称为初始种群，个体的数量称为种群规模。种群规模越小，算法运行速度越快。但太少的种群数会影响到对解空间的搜索能力，即可能会出现算法过早收敛于局部最优解。

步骤 3：个体适应度的检测评估。

适应度函数值是用来评价一个个体（解）的好坏，适应度函数值越大，解的质量越好。适应度函数是进化过程的驱动力，应结合求解问题本身的要求来设计适应度函数。

步骤 4：遗传运算。

基本遗传算法中使用选择、交叉、变异这三种遗传运算。

选择：对群体中的个体进行优胜劣汰，即适应度高的个体遗传到下一代的概率大。选择操作的任务就是按某种方法从父代群体中选取一些个体，遗传到下一代群体。选择运算常采用轮盘赌选择方法。

交叉：依据交叉概率 P_c，以某种方式对两个相互配对的染色体相互交换其部分基因，形成两个新的个体。交叉运算是遗传算法区别于其他进化算法的一个重要特征，是产生新个体的主要方法，起关键作用。交叉运算常采用单点交叉算子。

变异：依据变异概率 P_m，用其他基因值来替换个体编码串中的某些基因值，形成一个新的个体。变异运算是产生新个体的辅助方法，决定了局部搜索能力，同时保证了种群的多样性。变异算子常采用基本位变异算子。

交叉和变异相互配合，共同完成对空间的全局搜索和局部搜索。

2.3.2.2 模拟退火改进遗传算法

模拟退火（simulated annealing，SA）算法[163]是一种理论上的全局最优算法。本节根据模拟退火的数学模型和模拟退火算法的步骤，对基本的遗传算法进行改进，形成混合智能算法，从而使得遗传算法在理论上具有全局收敛性。

模拟退火算法主要用于解决组合优化问题，它是源于对热力学中退火过程的模拟。对固体物质模拟退火处理时，先将它加温熔化，其中的粒子可自

叶轮机械性能退化分析与预测

由运动；然后温度逐渐下降，粒子也逐渐凝固成低能态的晶格。若在凝结点附近的温度下降速率足够慢，则固体物质一定会形成最低能态的基态。组合优化问题也有类似过程：解空间的每一点代表一个不同目标函数值的解。将目标函数映射为能量函数，某一控制参数类似为温度 T，而解空间类比为形态空间，因此寻找基态的过程也变成求目标函数极小值的寻优过程。

1. 模拟退火过程的数学模型

设热力学系统 S 中有 n 个状态，且 n 是有限且离散的，状态 i 的能量为 E_i。在温度 T_k 下，经过一段时间达到热平衡，处于状态 i 的概率：

$$P_i(T_k) = C_k \cdot \exp(-E_i/T_k) \qquad (i=1,2,\cdots,n) \tag{2.28}$$

式中：C_k 为一个待定系数，能够根据已知条件计算获得。

由于 S 中共存在 n 个状态，所以在温度 T_k 下，S 必然处于其中的一个状态，即：

$$\sum_{j=1}^{n} P_j(T_k) = 1 \tag{2.29}$$

将式（2.29）代入式（2.28）可得：

$$\sum_{j=1}^{n} C_k \cdot \exp(-E_j/T_k) = 1 \tag{2.30}$$

由式（2.30）可得系数 C_k 为：

$$C_k = \frac{1}{\sum_{j=1}^{n} \exp(-E_j/T_k)} \tag{2.31}$$

将式（2.31）代入式（2.28）可得：

$$P_i(T_k) = \frac{\exp(-E_i/T_k)}{\sum_{j=1}^{n} \exp(-E_j/T_k)} = \frac{1}{\sum_{j=1}^{n} \exp[-(E_j-E_i)/T_k]} \tag{2.32}$$

式（2.32）和式（2.28）称为玻尔兹曼（Boltzmann）方程，用于描述系统 S 在特定温度下，处于某一状态的概率分布。

对于任意两个能量状态 E_1 和 E_2，若 $E_1 < E_2$，则在同一温度 T_k 下，可得：

$$\frac{P_1(T_k)}{P_2(T_k)} = \frac{C_k \cdot \exp(-E_1/T_k)}{C_k \cdot \exp(-E_2/T_k)} = \exp\left(\frac{E_2-E_1}{T_k}\right) \tag{2.33}$$

因为 $E_2 - E_1 > 0$，所以：

$$\exp\left(\frac{E_2 - E_1}{T_k}\right) > 1 , \forall\, T_k > 0 \tag{2.34}$$

即：

$$P_1(T_k) > P_2(T_k) \tag{2.35}$$

由式（2.35）可知，在同一温度下，S 处于能量小的状态的概率要大，即在同一温度下，随着状态能量函数的减小，其概率将会增大。

根据 Boltzmann 方程来分析状态概率随温度变化的规律。对 $P_i(T_k)$ 求温度的偏导数，可得：

$$\frac{\partial P_i(T_k)}{\partial T_k} = \frac{\exp(-E_i/T_k)}{T_k^2\left[\sum\limits_{j=1}^{n}\exp(-E_j/T_k)\right]^2}\left[\sum\limits_{j=1}^{n}(E_i - E_j)\cdot\exp(-E_j/T_k)\right]$$

$$\tag{2.36}$$

设 i^* 为 S 中最低能量的状态，则 $\forall j$，有 $E_{i^*} - E_j \leqslant 0$，而式（2.36）中：

$$\frac{\exp(-E_i/T_k)}{T_k^2\left[\sum\limits_{j=1}^{n}\exp(-E_j/T_k)\right]^2} > 0 , \exp(-E_j/T_k) > 0 \,。$$

对于状态 i^*，有：

$$\frac{\partial P_{i^*}(T_k)}{\partial T_k} < 0 , \quad \forall\, T_k \tag{2.37}$$

所以，$P_{i^*}(T_k)$ 关于温度 T_k 是单调递减的。

当 S 中仅存在一个最低能量状态 i^* 时，也就是说，在解空间中存在唯一的全局最优值时，则当 $T_k \to 0$ 时，对于 $\forall j \neq i^*$，有 $E_j - E_{i^*} > 0$，所以 $\exp[-(E_j - E_{i^*})/T_k] = 0$，即 $-(E_j - E_{i^*})/T_k \to -\infty$，则 i^* 状态的概率为：

$$P_{i^*}(T_k) = \frac{1}{\sum\limits_{j=1}^{n}\exp[-(E_j - E_{i^*})/T_k]} = \frac{1}{\exp[-(E_{i^*} - E_{i^*})/T_k]} = 1$$

$$\tag{2.38}$$

当 S 中存在 n_0 个最低能量状态时，设 i^* 是其中的一个，则：

$$P_{i*}(T_k) = \frac{1}{n_0 \cdot \exp[-(E_{i*} - E_{i*})/T_k]} = \frac{1}{n_0} \qquad (2.39)$$

那么 S 处于最低能量状态的概率为：

$$\sum_{i*}^{n_0} P_{i*}(T_k) = n_0 \cdot \frac{1}{n_0} = 1 \qquad (2.40)$$

由式（2.38）和式（2.40）可知，当 $T_k \to 0$ 时，无论是只有一个最优解还是有多个最优解，S 处于最低能量状态的概率均趋向于1。

在高温下，由式（2.32）可知，S 可以处于任何能量状态，这时，在解空间进行广域搜索，避免陷入局部最优；随着温度的降低，S 只能处于能量较小的状态，此时做局部搜索，将解精细化；当温度无限接近于零时，S 只能处于最小能量状态，为全局最优解。

2. 模拟退火过程的步骤

设优化问题描述为 $\min f(i)$，$i \in S$，其中 S 是一个离散的有限状态空间即解空间，i 代表状态。

步骤1：任选初始解 $i \in S$，给定初始温度 T_0 和终止温度 T_f，令迭代指标 $k = 1$，$T_k = T_0$。

步骤2：随机产生一个领域解 $j \in N(i)$，$N(i)$ 表示 i 的领域，计算目标值增量 $\Delta f = f(j) - f(i)$。

步骤3：若 $\Delta f < 0$，令 $i = j$ 并转步骤4；否则产生 $\xi = \text{rand}(0, 1)$，若 $\exp(-\Delta f/T_k) > \xi$，则令 $i = j$。

步骤4：判断是否达到热平衡 [即内循环次数等于 $n(T_k)$]，若达到，转步骤5；否则，转步骤2进行循环迭代。

步骤5：降低温度 $T_{k+1} = T_k \cdot r$，令 $k = k + 1$，若 $T_k \leqslant T_f$，则停止算法，否则转步骤2进行迭代。

基于模拟退火算法具有全局寻优的特点，来改进遗传算法，构建模拟退火改进遗传（SA - GA）算法流程图如图2.7所示。

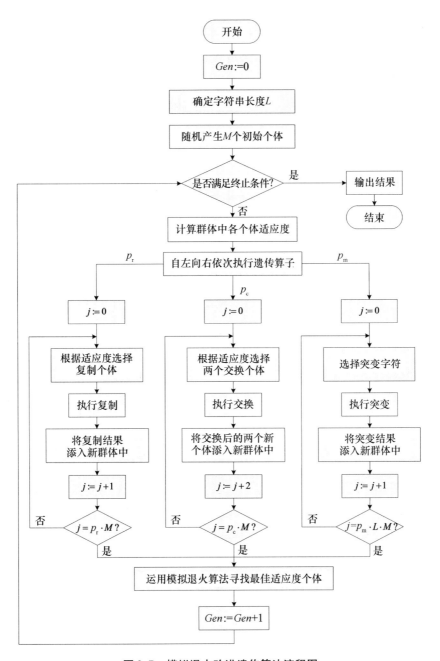

图 2.7　模拟退火改进遗传算法流程图

2.3.2.3 差分进化算法

1995 年，在遗传算法等进化思想的基础上，Rainer Storn 和 Kenneth Price 提出了一种新颖进化算法：差分进化（differential evolution，DE）算法[164-166]。在 1996 年举行的第一届国际 IEEE 进化优化竞赛上，差分进化算法被证明是最快的进化算法。

差分进化算法的基本原理和实现步骤如下所述。

假设 $\min f(x_1, x_2, \cdots, x_n)$ 为最小化问题，其中 $x_j \in [L_j, U_j]$，$1 \leq j \leq n$。令 $\boldsymbol{X}_i(t) = [x_{i1}(t), x_{i2}(t), \cdots, x_{in}(t)]$ 为第 t 代种群中的第 i 个个体，种群规模为 s。设 $\boldsymbol{X}_1$ 和 $\boldsymbol{X}_2$ 是不同的两个个体，由它们构成的差异向量为：$\Delta \boldsymbol{D}_{12} = \boldsymbol{X}_1 - \boldsymbol{X}_2$。

步骤 1：随机生成初始种群 $P(0)$。

$$P(0) = \{X_i(0) \mid x_{ij}(0) = \mathrm{rand}(0,1) \cdot (U_j - L_j) + L_j, 1 \leq i \leq s, 1 \leq j \leq n\}$$

$$(2.41)$$

式中：$\mathrm{rand}(0,1)$ 为 $[0,1]$ 上的伪随机数，并置 $t = 0$。

如果预先能得到问题的初步解，也可通过在初步解中加入正态分布的随机偏差量来产生初始种群，提高重建效果。

步骤 2：变异操作，随机从当前种群 $P(t)$ 中选择三个不同于 $\boldsymbol{X}_i(t)$ 的个体 $\boldsymbol{X}_a(t)$、$\boldsymbol{X}_b(t)$、$\boldsymbol{X}_c(t)$，$a \neq b \neq c \neq i$。计算差异个体 $\boldsymbol{D}_i(t+1)$。

$$\boldsymbol{D}_i(t+1) = [d_{i1}(t+1), d_{i2}(t+1), \cdots, d_{in}(t+1)] \qquad (2.42)$$

式中：$d_{ij}(t+1) = x_{aj}(t) + F \cdot [x_{bj}(t) - x_{cj}(t)]$，$1 \leq i \leq s$，$1 \leq j \leq n$，摄动因子 F 为一个实常数，通常取值范围为 $[0, 2]$，其作用是控制偏差变量的放大。

由于 $a \neq b \neq c \neq i$，所以必须满足种群数 $s \geq 4$。

步骤 3：交叉操作，生成随机小数 $r_1 \in (0, 1)$ 和随机整数 $r_2 \in [0, n]$，按式（2.43）计算临时个体 $\boldsymbol{E}_i(t+1) = [e_{i1}(t+1), e_{i2}(t+1), \cdots, e_{in}(t+1)]$。

$$e_{ij}(t+1) = \begin{cases} d_{ij}(t+1), & \text{若 } r_1 \leq CR \text{ 或 } r_2 = j \\ x_{ij}(t), & \text{其他} \end{cases} \qquad (2.43)$$

式中：$1 \leq i \leq s$，$1 \leq j \leq n$；CR 为交叉概率，取值范围为 $[0, 1]$。

步骤 4：执行选择操作，按式（2.44）确定 $X_i(t+1)$。

$$X_i(t+1) = \begin{cases} E_i(t+1), 若 f(E_i(t+1)) < f(X_i(t)) \\ X_i(t), 其他 \end{cases} \tag{2.44}$$

式中：$1 \leq i \leq s$。

步骤 5：计算种群 $P(t+1)$ 中适应度最小的个体 $X_{\text{best}}(t+1)$。

步骤 6：若终止条件不满足，则令 $t=t+1$，转步骤 2 进行循环迭代计算；若终止条件满足，则输出 X_{best} 和 $f(X_{\text{best}})$，并结束。

由差分进化算法的基本原理和实现步骤可以看出，其时间复杂度主要体现在步骤 2 到步骤 4，如果算法的终止条件为迭代次数，并设最大迭代次数为 M，那么差分进化算法的时间复杂度为 $O(M \cdot s \cdot n)$。

2.4　叶轮机械精确特性预测案例

对于同一系列叶轮机械，特别是姊妹机组，其特性很相近，可以根据已知叶轮机械装置的特性或该系列机组的通用标准特性，通过所研究的叶轮机械装置在试车台上实际运行的有关测量参数，对该叶轮机械进行部件特性的修正，预测并获取精确的叶轮机械部件特性。

对本书研究的某型叶轮机械，其部件特性采用以下九个修正因子：

低压压气机：$\qquad MF_1 = \dfrac{G_{\text{LC,act}}}{G_{\text{LC,ref}}} \qquad\qquad MF_2 = \dfrac{G_{\text{LC,act}}}{G_{\text{LC,ref}}}$

高压压气机：$\qquad MF_3 = \dfrac{\eta_{\text{HC,act}}}{\eta_{\text{HC,ref}}} \qquad\qquad MF_4 = \dfrac{G_{\text{HC,act}}}{G_{\text{HC,ref}}}$

燃烧室：$\qquad MF_5 = \dfrac{\eta_{\text{B,act}}}{\eta_{\text{B,ref}}}$

高压涡轮：$\qquad MF_6 = \dfrac{\eta_{\text{HT,act}}}{\eta_{\text{HT,ref}}} \qquad\qquad MF_7 = \dfrac{G_{\text{HT,act}}}{G_{\text{HT,ref}}}$

低压涡轮：$\qquad MF_8 = \dfrac{\eta_{\text{LT,act}}}{\eta_{\text{LT,ref}}} \qquad\qquad MF_9 = \dfrac{G_{\text{LT,act}}}{G_{\text{LT,ref}}}$

叶轮机械性能退化分析与预测

考虑到自适应建模中各修正参数的实际物理意义，各修正值的取值范围设定为 $0.9 \sim 1.1$，且修正后的各部件的效率值 $\eta_{\text{act}} < 1$。

九个测量参数分别为：（1）低压转子转速 n_L；（2）高压转子转速 n_H；（3）低压压气机进口空气流量 G_{LC}；（4）低压压气机出口空气温度 T_2；（5）低压压气机出口空气压力 p_2；（6）高压压气机出口空气温度 T_3；（7）高压压气机出口空气压力 p_3；（8）低压涡轮出口燃气温度 T_6；（9）低压涡轮出口燃气压力 p_6。

三个控制参数分别为：（1）环境温度 t_0；（2）环境压力 p_0；（3）燃油质量流量 G_f。

两个平衡检验误差参数为：（1）低压轴功率平衡（$Ne_{LT} - Ne_{LC}$）；（2）高压轴功率平衡（$Ne_{HT} - Ne_{HC}$）。

四个预猜值分别为：（1）低压压气机压比 π_{LC}；（2）高压压气机压比 π_{HC}；（3）高压涡轮膨胀比 π_{HT}；（4）低压涡轮膨胀比 π_{LT}。

根据自适应建模原理，运用普通遗传算法、模拟退火改进遗传算法、差分进化算法分别编程。各种智能算法的有关参数设置如下：

（1）普通遗传算法：最大进化代数 500；种群规模 40；染色体的选择方法为轮盘赌法；编码方式为浮点法；交叉概率为 0.6；变异概率为 0.1；变异方法为浮点法。

模拟退火改进遗传算法：初始温度 $T_0 = 100$；$r = 0.98$；内循环次数为 3 次；其中有关遗传算法部分的参数设置和普通遗传算法一样。

差分进化算法：最大进化代数 500；种群规模 40；摄动因子 $F = 0.5$；交叉概率 $CR = 0.1$。

三种智能算法训练过程的适应度曲线如图 2.8 所示，在设计工况点处计算值和测量值的相对误差如表 2.3 所示。从表 2.3 中可见，自适应前相对误差的最大值为 2.906 60%，自适应后相对误差的最大值为 0.451 95%；且目标函数 *FC* 由 0.119 54% 降低到了 0.005 55%。上述结果表明，相对于简单遗传算法和模拟退火改进遗传算法，差分进化算法得到的结果最好，其最优修正因子如表 2.4 所示。

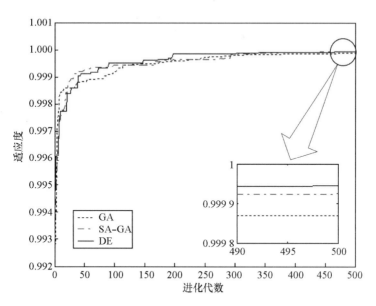

图 2.8　适应度曲线

表 2.3　设计工况点处计算值和测量值的相对误差

参数	自适应前相对误差/%	自适应后相对误差/%		
		GA	SA – GA	DE
n_L	0	0.281 21	0.090 88	0.012 74
n_H	0	− 0.623 78	− 0.206 32	0.012 74
G_{LC}	− 0.730 08	− 0.599 43	− 0.005 99	0.046 86
T_2	0.399 17	− 0.017 61	− 0.595 05	0.107 97
p_2	− 0.060 69	− 0.046 82	− 0.082 19	0.350 11
T_3	2.906 60	− 0.192 75	0.057 81	0.451 95
p_3	− 0.060 88	0.169 65	0.296 45	− 0.008 40
T_6	1.286 80	− 0.627 72	0.170 38	− 0.127 83
p_6	0.015 94	0.107 80	− 0.066 25	− 0.188 51
$Ne_{LT} - Ne_{LC}$	− 0.780 26	0.111 95	0.172 03	0.229 23
$Ne_{HT} - Ne_{HC}$	0.735 36	0.081 69	0.028 31	0.315 00
目标函数 FC	0.119 54	0.013 21	0.005 67	0.005 55

表 2.4 设计工况点的修正因子的最优值

修正因子	MF_1	MF_2	MF_3	MF_4	MF_5
修正量	1.007 31	1.003 72	1.053 16	0.971 4	1.01
修正因子	MF_6	MF_7	MF_8	MF_9	
修正量	1.024 2	0.947 78	1.013 35	0.988 3	

对于叶轮机械动态的性能退化评估和健康监控，需要的是叶轮机械各部件在全工况范围内的精确特性。为此，可以先对叶轮机械的离散稳态工况点重复进行上述的自适应建模，分别得到修正因子在各个离散工况点下的修正量，再进行拟合得到全工况范围内的精确特性[34]。拟合结果如图 2.9 和图 2.10 所示。

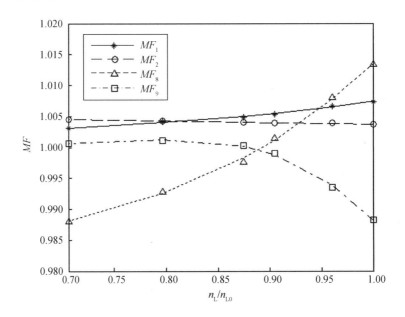

图 2.9 基于低压轴转速的修正因子拟合曲线

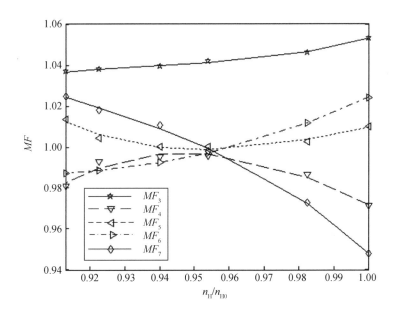

图 2.10 基于高压轴转速的修正因子拟合曲线

低压压气机效率的修正因子 MF_1、折合流量的修正因子 MF_2 和低压轴的 n_L/n_{L0}（低压轴折合转速与设计点折合转速之比）的拟合公式分别为：

$$MF_1 = 0.093\ 8\ (n_L/n_{L0})^3 - 0.215\ 07\ (n_L/n_{L0})^2 + 0.174\ 83\ (n_L/n_{L0}) + 0.953\ 84$$

$$\tag{2.45}$$

$$MF_2 = 0.002\ 79\ (n_L/n_{L0})^3 - 0.007\ 22\ (n_L/n_{L0})^2 + 0.003\ 71\ (n_L/n_{L0}) + 1.004\ 5$$

$$\tag{2.46}$$

高压压气机效率的修正因子 MF_3、折合流量的修正因子 MF_4 和高压轴的 n_H/n_{H0}（高压轴折合转速与设计点折合转速之比）的拟合公式分别为：

$$MF_3 = 32.209\ 8\ (n_H/n_{H0})^3 - 90.664\ 9\ (n_H/n_{H0})^2 + 85.162(n_H/n_{H0}) - 25.653\ 8$$

$$\tag{2.47}$$

$$MF_4 = 38.595\ 7\ (n_H/n_{H0})^3 - 120.766\ 5\ (n_H/n_{H0})^2 + 124.898\ 2(n_H/n_{H0}) - 41.755\ 4$$

$$\tag{2.48}$$

燃烧室效率的修正因子 MF_5 和高压轴的 n_H/n_{H0} 的拟合公式为：

$$MF_5 = -42.340\ 6\ (n_{\mathrm{H}}/n_{\mathrm{H0}})^3 + 127.894\ 1\ (n_{\mathrm{H}}/n_{\mathrm{H0}})^2 - 128.402\ 1\ (n_{\mathrm{H}}/n_{\mathrm{H0}}) + 43.858\ 2$$

(2.49)

高压涡轮效率的修正因子 MF_6、折合流量的修正因子 MF_7 和高压轴的 $n_{\mathrm{H}}/n_{\mathrm{H0}}$ 的拟合公式分别为:

$$MF_6 = 7.405\ 8\ (n_{\mathrm{H}}/n_{\mathrm{H0}})^3 - 17.284\ 6\ (n_{\mathrm{H}}/n_{\mathrm{H0}})^2 + 13.152(n_{\mathrm{H}}/n_{\mathrm{H0}}) - 2.248\ 9$$

(2.50)

$$MF_7 = -51.841\ 6\ (n_{\mathrm{H}}/n_{\mathrm{H0}})^3 + 142.777\ (n_{\mathrm{H}}/n_{\mathrm{H0}})^2 - 131.625\ 9(n_{\mathrm{H}}/n_{\mathrm{H0}}) + 41.638\ 4$$

(2.51)

低压涡轮效率的修正因子 MF_8、折合流量的修正因子 MF_9 和低压轴的 $n_{\mathrm{L}}/n_{\mathrm{L0}}$ 的拟合公式分别为:

$$MF_8 = 0.303\ 75\ (n_{\mathrm{L}}/n_{\mathrm{L0}})^3 - 0.575\ 32\ (n_{\mathrm{L}}/n_{\mathrm{L0}})^2 + 0.398\ 2(n_{\mathrm{L}}/n_{\mathrm{L0}}) + 0.886\ 89$$

(2.52)

$$MF_9 = -0.982\ 51\ (n_{\mathrm{L}}/n_{\mathrm{L0}})^3 + 2.216\ 9\ (n_{\mathrm{L}}/n_{\mathrm{L0}})^2 - 1.658\ 4(n_{\mathrm{L}}/n_{\mathrm{L0}}) + 1.412\ 2$$

(2.53)

2.5　本章小结

本章对叶轮机械部件精确特性获取中的特性曲线拟合和自适应建模这两个问题进行了研究和探索。

在叶轮机械部件特性曲线的拟合中,以残差平方和 SSE、均方差 $RMSE$、相关系数平方 R^2、检验指标 Q_1、检验指标 Q_2 五个拟合效果检验指标,对不同拟合算法、拟合表达式进行了对比分析。在叶轮机械特性曲线拟合中解决了第二类特性曲线拟合的问题,即寻找并确定观测量之间存在的最佳函数关系,并得到了待定参数的最佳估计值。拟合效果检验指标表明,相对于普通的麦夸尔特算法而言,具有全局收敛的麦夸尔特算法能较好地拟合特性曲线。

自适应建模采用了较完备的加权目标函数,用普通遗传(GA)算法、模拟退火改进遗传(SA-GA)算法和差分进化(DE)算法这三种智能优化算

法对叶轮机械在全工况范围内进行了特性修正，预测并获得目标机组的精确特性。结果表明，由差分进化（DE）算法得到的结果最好，所得结果为叶轮机械健康监控和性能退化评估奠定基础。

第3章
叶轮机械稳态性能退化建模

3.1 引 言

叶轮机械在运行中，叶片表面的结垢、腐蚀、磨损，外来物撞击损伤，叶顶间隙的增大，燃油喷嘴磨损、积碳、堵塞等性能退化是不可避免的。这些性能退化体现在叶轮机械通流部分的尺寸变化上，这将导致发动机性能参数（健康参数）的变化，如压气机流量下降和效率下降、涡轮导向器截面面积改变等。而性能参数的变化又会引起温度、压力、转速等可测参数的变化。积极探索发生各种类型及不同程度的性能退化的外在表征（即健康参数和测量参数之间的内在规律），全面掌握各种部件的性能退化模式对叶轮机械系统的能量转换和利用性能的影响程度是迫切需要的。

本章在归纳和总结前人工作的基础上，首先对叶轮机械性能退化的模式和机理进行了归纳和总结，定性剖析性能退化的原因及其隐患；其次基于非线性小偏差法，结合经验特性和热力学理论，进行叶轮机械性能退化机理建模，定量分析性能退化的外在表征；最后分析并量化健康因子对功势耗散变化程度的影响程度，为叶轮机械稳态健康监控和性能退化评估提供理论依据和决策参考。

3.2　性能退化模式及机理

叶轮机械部件工作在高转速、高热应力、高气动力的条件下，特别是舰船用叶轮机械工况变化频繁，恶劣的海洋环境使得叶轮机械部件在工作一段时间后产生性能退化。本书研究的叶轮机械性能退化，为叶轮机械某个或某些部件的特性发生变化而导致的叶轮机械系统热力学性能退化，即主要研究对象为气路部件的性能退化。常见的气路性能退化模式有结垢、磨损、腐蚀、堵塞、外来物损伤、叶顶间隙增大等。

3.2.1　结垢

结垢是由进入叶轮机械通流部分的微粒附着而产生的。特别是由于海洋环境湿度比较大，含盐率较高，加上轴承中产生的润滑油雾，容易在通流部分和叶片上形成与微粒之间的"黏附基"，而进气过滤系统一般只能过滤掉尺寸在 5 μm 以上的颗粒，而小于 2 μm 的颗粒如烟雾、油雾、盐雾、沙尘等就常常进入了叶轮机械的通流部分，在叶轮机械运行一段时间后很容易产生结垢现象。而且叶轮机械耗气量较大，对于本书研究的对象而言，其耗气量为 85 kg/s，则该叶轮机械工作 10 h 就要吸入 3 060 t 的空气，设吸入的空气经进气系统过滤后还有百万分之一的微粒进入，那么该叶轮机械工作 10 h 吸入的微粒量为 30.6 kg，这些进入叶轮机械通流部分的微粒中的一部分将逐渐黏附在通流部分上，形成结垢[167]。

叶片结垢后，其表面粗糙度增加，叶型改变，通流面积变小，而摩擦损失、气流分离损失、涡流损失、端部损失等增大，导致叶片的气动性能降低。压气机叶片结垢后，压气机的流量和效率都会下降。在压气机"流量–压比"性能曲线中，不仅等转速线下移，而且喘振边界也下移。

对于使用燃油作为燃料的叶轮机械，燃油中的重烃分子由于燃烧不完全，以及燃烧后的硫化产物等就会在涡轮叶片上产生结垢。涡轮叶片外表面结垢后，气流状况也变差，涡轮效率降低，通流截面积减小，阻力增大。

对于高压涡轮的叶片，由于从压气机引气冷却，空气中的微粒如果附着在内部冷却通道，可能降低叶片的冷却效果，甚至堵塞内部冷却通道，使得叶片由于局部过热而加速损坏。因此，为确保冷却空气的清洁度，一种方法是对冷却空气进行过滤，如在冷却空气入口处加装滤网；另一种方法是从压气机内径处抽取冷却空气。由于离心力的作用，在压气机后面的几级中，灰尘颗粒已聚集在流道的外径处，内径处的空气一般是很清洁的。但由于冷却空气不可能绝对清洁，所以还需要从冷却叶片本身的结构上采取措施配合。对于有的冷却的叶片，即使不是采取从叶顶排出的对流冷却，最好也在叶顶开少量的小孔，让进入的微粒在离心力的作用下排出，这种孔称为清除孔[168]。

3.2.2 磨损

当过滤器损坏后，过滤效果下降，使得尺寸大于 10 μm 以上的颗粒较多地进入压气机。这种大尺寸的颗粒会冲刷叶片，造成磨损。

压气机叶片磨损后，表面粗糙，使得气流流过叶型表面时，在附面层内气体的摩擦增加，附面层也加厚，从而加大了摩擦损失，甚至有些区域由层流变成紊流，使得各基元级的效率下降，即压气机效率降低。虽然压气机叶片磨损使得通流截面积有所增大，工质流量增加，但是流动情况变差，阻力系数增加，这又使得压气机流量下降，综合以上两个因素，可以近似认为磨损导致的压气机流量变化不大或基本不变。

当颗粒随工质流经涡轮通流部分时，对涡轮叶片也会产生冲刷，造成涡轮叶片磨损，使得涡轮效率下降。从增压涡轮和压气机的匹配来看，涡轮效率的下降使压气机的运行点远离喘振边界，喘振裕度增大，似乎有利于叶轮机械安全运行；但是涡轮叶片磨损后，叶型遭到损坏，强度降低，特别是对于喷涂有隔热陶瓷层的叶片，将产生局部热应力过大，甚至使得高温、高压和高速的燃气流运行的陶瓷层加剧脱落，进而使得叶轮机械存在安全隐患。

对于叶轮机械主轴承而言，叶轮机械滑油系统的异常运行通常包括：滑油外部泄漏、过量的滑油消耗、回油温度过高等[169]。如果叶轮机械在滑油系统异常状态下运行一段时间后，特别是当滑油温度过高时，那么其分子间的弹性模量降低，黏性也降低，对机匣中支撑转子的主轴承的润滑效果削弱。如果加上叶轮机械转子动平衡不佳的话，那么对于起停和工况变化频繁的船用叶轮机械来说，很容易导致主轴承中滚珠（柱）以及轴瓦表面的巴氏合金磨损。主轴承轻度磨损使得转子的机械效率降低，中度磨损可能导致径向振动加剧，重度磨损可能使得叶轮机械转子和静子摩擦碰撞，造成事故。

对于主轴承磨损这一性能退化模式，可以采取金属捕屑器监控滑油回油中的磨损金属量，以及滑油温度和油量的健康。但由于叶轮机械转子的转速很高，主轴承磨损随时间的发展趋势一般呈指数变化，由轻度磨损阶段到重度磨损阶段的时间可能非常短暂，而金属捕屑器常常在主轴承中度磨损时才能发出警报，所以应该在轻度磨损阶段早发现、早采取相应措施，以保证叶轮机械的安全运行。

对于燃油喷嘴而言，经过一段时间的工作，喷嘴可能被磨损，通流截面积就会变大；虽然某型叶轮机械燃油控制系统所采用的定流量控制策略，在喷嘴截面积变化时对系统动态供油规律有一定影响，但对稳定的供油量没有太大的影响，并且会使燃油油压降低，进而使雾化质量下降，可能在某一区域燃油质点喷出后重叠，形成"油柱"，不利于燃烧。另外，磨损使得喷嘴的形状不规则，也影响燃油的雾化质量[170]。

3.2.3 腐蚀

船用叶轮机械压气机通流部分产生腐蚀的主要原因是海洋环境中的空气中含有较高的盐分以及其他腐蚀性气体，而涡轮通流部分还受到燃油中的杂质和添加剂，以及燃烧产物中的硫化氢（H_2S）和氯化氢（HCl）等腐蚀性气体的腐蚀。腐蚀会改变叶型和表面粗糙度，降低压气机和涡轮的效率。另外，腐蚀后的残留物混合空气和燃油中的杂质，附着在静叶和动叶的表面，如果这些物质的熔点低于燃气流的温度，那么这些物质将受燃气流的加热，熔化并黏附在高温部件的表面，容易导致冷却空气孔堵塞，从而使得高温部件冷却效果降低，时间一长，工作在高温恶劣环境中的叶片的前后缘、叶尖等薄弱部分就面临烧坏的危险。

特别值得注意的是，即使叶轮机械处于停机状态，没有空气和燃油中腐蚀性物质的大量入侵，但由于腐蚀能自行发展和加剧，所以停机状态的腐蚀也可能更快。

3.2.4 堵塞

对于航空叶轮机械而言，火山喷发所产生的火山灰非常细小，其熔点约为 1 100℃，而目前大部分航空叶轮机械的燃气初温为 1 200℃以上，火山灰吸入航空叶轮机械内部，熔化后就吸附在涡轮叶片上，进而堵塞涡轮叶片的冷却孔。如果继续运行，随着涡轮叶片的损坏，高温部件开始失灵，同时造成隔热涂层剥离。隔热涂层的剥离不仅使得涡轮叶片暴露在高速、高温和高压的燃气流中，还可能对后面的涡轮叶片造成划伤。此外，对于动叶片而言，由于冷却效果下降，在高速旋转中，热叶片的径向伸长量增大，叶顶间隙减小，动叶片和机匣的碰撞概率增大，存在严重的安全隐患。

涡轮叶片冷却孔的堵塞，尽管短时间内由于冷气流出时对燃气的扰动程度降低，使流动损失降低，进而使涡轮效率增加，但持续的堵塞将产生上述严重的后果。

2000 年 2 月，NASA 一架飞机就遭遇火山灰造成重大损失。飞机在微薄的火山灰云中飞行了几分钟，而这些火山灰云距火山喷发地有大约 1 287 km之遥。据有关报告指出，在 DC-8 型飞机遇到火山灰的空域，卫星没有发现火山灰的痕迹；相反地，卫星发现那里有卷云。火山灰实际上采取了"特洛伊木马"战术，它是冰晶形成所需要的核。一旦冰晶进入发动机，它们便会融化，只剩下火山灰。对气象卫星而言，火山灰看上去是由冰构成的云，而不是灰。当这架飞机返回美国后，更精密的检查结果显示，飞机内部的冷却通道堵塞，发动机部分温度最高的区域有受热异常的迹象：涡轮叶片前缘出现明显凹陷。冷却通道阻塞所积聚的热量导致数个内部部件的涂层剥离。

2010 年 4 月中旬冰岛火山爆发，火山灰对飞机的安全飞行造成威胁，欧洲各国航空公司不得不大面积停飞。

燃油调节系统的技术状态影响油气比，加上燃烧室、喷嘴形状的改变，燃油和空气混合得不理想，进而影响混合气体的燃烧效果，造成局部富油燃烧，容易使燃油喷嘴产生积碳，造成堵塞。当燃油喷嘴产生堵塞时，燃烧效率下降，在一定的工况下，耗油率上升。燃油喷嘴堵塞还会导致燃烧室温度场分布不均匀，燃烧室零部件因局部过热会扭曲变形，导致燃烧室的阻力增加，即压力恢复系数下降，油压增加。油压增加尽管有助于提高燃油雾化质量，但是油压过高又会使系统管道所承受的压力增加，对管路的减震以及管道的密封等提出较高的要求，油压长期过高一方面将使燃油系统存在安全隐患，另一方面影响燃油控制系统的正常控制[170]。

对于叶轮机械的进气过滤器，由于空气中灰尘、烟雾甚至花粉的黏附，寒冷天气的局部结冰，以及可调百叶窗的不到位，消声装置堵塞、变形等因素，进气道堵塞，其总压恢复系数下降。同理，排气道也会产生堵塞现象。

3.2.5 外来物损伤

尽管船用叶轮机械有过滤器，也不能完全避免外来物的损伤，由于舰船的振动，过滤器等进气部件的老化，金属的氧化和老化，在寒冷天气的一些冰粒的入侵等都有可能导致较大的外来物进入压气机，对高速旋转的压气机叶片造成砸伤，甚至造成叶片掉块和断裂，并形成二次损伤。外来物损伤导致压气机叶片表面划伤，叶片变形，特别是叶片较薄部位如叶尖和后缘更容易变形，压气机的效率下降。

进入压气机的外来物还可能沿着通流部分进入涡轮，造成涡轮叶片的机械损伤。另外，燃烧室燃油喷嘴上的大块积碳脱落，也可能造成涡轮叶片的机械损伤，导致涡轮效率下降。

3.2.6 叶顶间隙增大

当"压气机－涡轮"转子动平衡欠佳，或主轴承损坏，会造成压气机叶片与气封的摩擦，磨损后的压气机叶片的顶端和气封之间的间隙会逐渐增大。叶顶间隙的增大，在压差的作用下，工质从叶腹流向叶背的圆周方向潜流损失和从叶片后缘流向前缘的轴向倒流损失均增大，使得沿着轴向的流量降低。

对于涡轮而言，除了转子动平衡欠佳和轴承损坏会导致叶顶间隙增大，还会因工况急速变化、紧急停机时，叶片的膨胀（或冷却）和机匣的膨胀（或冷却）不同步，导致叶片和气封之间的摩擦，进而使得叶顶间隙增大。

综合第3.2.1节至第3.2.6节的性能退化模式，典型的叶轮机械气路性能退化模式及其对叶轮机械性能的影响如表3.1所示。

表3.1 典型叶轮机械气路性能退化

序号	性能退化模式	性能退化影响
1	进气道堵塞	进气总压恢复系数下降
2	压气机叶片结垢	压气机流量下降、效率降低
3	压气机叶片磨损	压气机效率降低
4	压气机叶片腐蚀	压气机效率降低
5	压气机叶片受外物损伤	压气机效率降低
6	压气机叶顶间隙增大	压气机流量下降
7	燃油喷嘴磨损	燃烧室效率下降，动态供油规律改变
8	燃油喷嘴堵塞	燃烧室总压恢复系数下降，动态供油规律改变
9	涡轮叶片结垢	涡轮流量下降、效率降低
10	涡轮叶片磨损	涡轮效率降低
11	涡轮叶片腐蚀	涡轮流量增加、效率降低

序号	性能退化模式	性能退化影响
12	涡轮叶片受外物损伤	涡轮效率降低
13	涡轮叶顶间隙增大	涡轮流量下降
14	涡轮叶片冷却孔堵塞	效率增加
15	排气道堵塞	排气总压恢复系数下降
16	主轴承磨损	转子机械效率下降

3.3　稳态性能退化模型

3.3.1　健康因子

为了评价叶轮机械部件的健康状况，类似于叶轮机械气路故障诊断中故障因子的定义，本书引入健康因子这个概念。

如图 3.1 所示，叶轮机械在正常状态点 A 的工作特性表示为：

$$\boldsymbol{x}(\boldsymbol{y}_A) = \boldsymbol{x}^0(\boldsymbol{y}_A) \tag{3.1}$$

式中：$\boldsymbol{y}_A = (y_1, y_2, \cdots, y_m)^{\mathrm{T}}$ 为叶轮机械工作于状态 A 的 m 维可测参数（因变量）；$\boldsymbol{x} = (x_1, x_2, \cdots, x_n)^{\mathrm{T}}$ 为对应于可测参数 $\boldsymbol{y}_A$ 的 n 维性能参数（自变量）。

当叶轮机械的某一特性或某些特性发生性能退化时，叶轮机械的工作点将发生变化。如果发生性能退化的特性不是该部件自身特性而是其他任何部件特性，则新工作点将只沿正常特性线（图 3.1 中曲线 1）移动。如果该部件自身特性也发生了性能退化，则其特性由正常工作曲线 1 变为性能退化曲线 2。

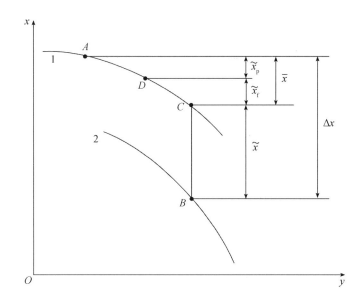

图 3.1　发生性能退化时部件性能参数的工作点位移与特性线平移图

由此，在叶轮机械在发生性能退化后，部件性能参数的变化应包括两部分：部件性能退化本身引起的变化，以及该部件与其他部件重新匹配所引起的变化，即其他部件所引起的变化。即：

$$\Delta x = \tilde{x} + \bar{x} \tag{3.2}$$

式中：$\tilde{x}$ 为特性线平移，它代表在工作参数不变的条件下，由于自身特性变化所引起的 x 的变化；$\bar{x}$ 为工作点位移，它代表工作点沿自身的正常特性曲线的变化，即在特性不变的条件下，由于工作参数 y_A 的变化而引起 x 的变化。

在性能退化模型的建立过程中，需要将叶轮机械性能参数分为两种类型：简单性能参数与复杂性能参数。简单性能参数的值只与部件自身特性有关，而与其他部件和叶轮机械总体性能无关，比如低压压气机入口导向叶片截面积 A_{CL}，又如涡轮效率 η_T、流量 G_T 和燃油流量 G_f 虽然不是严格意义上的简单性能参数，但是在叶轮机械工作状态下变化缓慢，受其他部件影响较小，故也认为是简单性能参数。

对于简单性能参数来说，其值只与部件自身特性有关，故在其对应部件

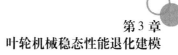
发生性能退化时，性能参数的变化只是由自身特性所引起，而不包含由其他部件所引起的工作点变化。$\bar{x}=0$，即对于简单性能参数，式（3.2）变为：

$$\Delta x = \tilde{x} \tag{3.3}$$

上面已提到，$\tilde{x}$ 只是部件自身特性变化的表征，因此特性线平移 $\tilde{x}$ 可以用来指示部件性能退化所影响的简单性能参数变化，称其为健康因子，且为第一类健康因子。通过向特性方程引入第一类健康因子，用部件的性能退化性能代替正常性能，就可以得到性能退化模型，称为第一类性能退化模型。

对于复杂性能参数来说，性能退化发生后，其工作点位移 $\Delta \bar{x}$ 包括两部分，即由自身特性变化所引起的性能退化性工作点位移 $\Delta \bar{x}_\text{f}$，以及由非自身特性变化所引起的所谓单纯性工作点位移 $\Delta \bar{x}_\text{p}$。则发生性能退化后，在复杂性能参数变化量中，由性能退化所引起的分量为：

$$\Delta \ddot{x} = \Delta \bar{x}_\text{f} + \Delta \bar{x}_\text{p} \tag{3.4}$$

式中：$\Delta \ddot{x}$ 为性能退化性工作点位移与单纯性工作点位移之和，称为第二类健康因子。通过向特性方程引入第二类健康因子所建立的性能退化模型称为第二类性能退化模型。

本书中，如果某个健康因子不为零，表示叶轮机械的该项指标呈"病态"，即叶轮机械发生了性能退化。如果某个健康因子为零，则表示叶轮机械的该项指标处于健康状态。需要注意的是，健康因子为零，并不表明其对应的性能指标的变化为零。就像人体健康一样，健康因子表示叶轮机械的"病灶"是否存在，而部件性能指标的改变不一定是由于该部件存在"病灶"，也有可能是和其他部件匹配所造成的。

3.3.2 性能退化模型的建立

叶轮机械的健康状态数学模型一般由以下三部分构成[50]：

（1）叶轮机械部件特性关系式；

（2）叶轮机械部件匹配方程；

（3）环境条件和发动机控制策略。

其中，部件特性关系式属于经验方程。叶轮机械数学模型的三大部分是一个有机整体，即在一定的环境条件和控制条件（工作状态）下，发动机的性能参数即特性关系式完全取决于发动机部件的几何尺寸，而叶轮机械部件匹配方程所确定的热力学关系式是对部件工作状态的外在表征和反映。

当叶轮机械部件发生性能退化时，其几何尺寸就发生了变化。由于一定几何尺寸的部件决定了相应的部件特性，几何尺寸的改变也就导致了部件特性的改变；本书通过在健康状态的部件特性关系式中引入健康因子，来建立叶轮机械性能退化模型。

低压压气机效率特性为：

$$\eta_{LC} = f_1(\pi_{LC}, n_L) + \tilde{\eta}_{LC} \tag{3.5}$$

式中：$f_1(\pi_{LC}, n_L)$ 为健康状态下低压压气机热效率与压比、低压轴折合转速的关系式；$\tilde{\eta}_{LC}$ 为低压压气机效率健康因子。

低压压气机流量特性为：

$$G_{LC} = f_2(\pi_{LC}, n_L) + \tilde{G}_{LC} \tag{3.6}$$

式中：$f_2(\pi_{LC}, n_L)$ 为健康状态下低压压气机折合流量与压比、低压轴折合转速的关系式；$\tilde{G}_{LC}$ 为低压压气机流量健康因子。

低压压气机进出口截面参数方程为：

$$T_2 - T_1 = \frac{T_1(\pi_{LC}^{m_a} - 1)}{\eta_{LC}} \tag{3.7}$$

高压压气机效率特性为：

$$\eta_{HC} = f_3(\pi_{HC}, n_H) + \tilde{\eta}_{HC} \tag{3.8}$$

式中：$f_3(\pi_{HC}, n_H)$ 为健康状态下高压压气机热效率与压比、高压轴折合转速的关系式；$\tilde{\eta}_{HC}$ 为高压压气机效率健康因子。

高压压气机流量特性为：

$$G_{HC} = f_4(\pi_{HC}, n_H) + \tilde{G}_{HC} \tag{3.9}$$

式中：$f_4(\pi_{HC}, n_H)$ 为健康状态下高压压气机折合流量与压比、高压轴折合转速的关系式；$\tilde{G}_{HC}$ 为高压压气机流量健康因子。

高压压气机进出口截面参数方程为：

$$T_3 - T_2 = \frac{T_2(\pi_{HC}^{m_a} - 1)}{\eta_{HC}} \tag{3.10}$$

燃烧室效率特性为：

$$\eta_B = \eta_B^0 + \tilde{\eta}_B \tag{3.11}$$

式中：$\tilde{\eta}_B$ 为燃烧室效率健康因子。

燃烧室压力损失为：

$$\eta_R = \eta_R^0 + \tilde{\eta}_R \tag{3.12}$$

式中：$\tilde{\eta}_R$ 为燃烧室压力损失的健康因子。

燃烧室进出口截面参数方程为：

$$(G_C + G_f)c_{pg}T_4 = \eta_B G_f H_u + G_C c_{pa} T_3 \tag{3.13}$$

式中：G_C 为参与燃烧和一次冷却的空气质量流率；G_f 为燃油质量流率；c_{pg} 为燃气定压比热容；c_{pa} 为空气定压比热容。

健康状态下，某型叶轮机械在较大工况范围内，其高压涡轮折合流量基本保持不变，所以高压涡轮流量特性为：

$$G_{HT} = G_{HT}^0 + \tilde{G}_{HT} \tag{3.14}$$

式中：G_{HT}^0 为健康状态下高压涡轮燃气流量；$\tilde{G}_{HT}$ 为高压涡轮流量健康因子。

同理，高压涡轮效率特性为：

$$\eta_{HT} = \eta_{HT}^0 + \tilde{\eta}_{HT} \tag{3.15}$$

式中：$\tilde{\eta}_{HT}$ 为高压涡轮效率健康因子。

高压涡轮进出口截面参数方程为：

$$T_4 - T_5 = T_4 \left[1 - (\pi_{HT})^{-m_g} \right] \eta_{HT} \tag{3.16}$$

低压涡轮流量特性为：

$$G_{LT} = G_{LT}^0 + \tilde{G}_{LT} \tag{3.17}$$

式中：G_{LT}^0 为健康状态下低压涡轮燃气流量；$\tilde{G}_{LT}$ 为低压涡轮流量健康因子。

低压涡轮效率特性为：

$$\eta_{LT} = \eta_{LT}^0 + \tilde{\eta}_{LT} \tag{3.18}$$

式中：$\tilde{\eta}_{LT}$ 为低压涡轮效率健康因子。

低压涡轮进出口截面参数方程为：

$$T_5 - T_6 = T_5 \left[1 - (\pi_{LT})^{-m_g} \right] \eta_{LT} \tag{3.19}$$

动力涡轮流量特性为：

$$G_{PT} = f_5 (\pi_{PT}, n_{PT}) + \tilde{G}_{PT} \tag{3.20}$$

式中：$f_5 (\pi_{PT}, n_{PT})$ 为健康状态下动力涡轮折合流量与压比、动力轴折合转速的关系式；$\tilde{G}_{PT}$ 为动力涡轮流量健康因子。

动力涡轮效率特性为：

$$\eta_{PT} = \eta_{PT}^0 + \tilde{\eta}_{PT} \tag{3.21}$$

式中：$\tilde{\eta}_{PT}$ 为动力涡轮效率健康因子。

动力涡轮进出口截面参数方程为：

$$T_6 - T_7 = T_6 \left[1 - (\pi_{PT})^{-m_g} \right] \eta_{PT} \tag{3.22}$$

当叶轮机械处于健康状态时，高、低压轴的机械效率一般可视为定值。当发生主轴承磨损性能退化时，高、低压轴的机械效率将会下降，所以低压轴机械效率特性为：

$$\eta_{Lm} = \eta_{Lm}^0 + \tilde{\eta}_{Lm} \tag{3.23}$$

式中：η_{Lm}^0 为健康状态下低压轴机械效率；$\tilde{\eta}_{Lm}$ 为低压轴机械效率健康因子。

高压轴机械效率特性为：

$$\eta_{Hm} = \eta_{Hm}^0 + \tilde{\eta}_{Hm} \tag{3.24}$$

式中：η_{Hm}^0 为健康状态下高压轴机械效率；$\tilde{\eta}_{Hm}$ 为高压轴机械效率健康因子。

低压轴功率平衡方程为：

$$\frac{G_{LC} \dfrac{p_1}{p_0} \dfrac{\sqrt{288}}{\sqrt{T_1}} c_{pa} T_1 (\pi_{LC}^{m_a} - 1)}{\eta_{LC}} = G_{LT} \frac{p_5}{p_0} \frac{\sqrt{288}}{\sqrt{T_5}} c_{pg} \eta_{Lm} T_5 \left[1 - (\pi_{LT})^{-m_g} \right] \eta_{LT} \tag{3.25}$$

高压轴功率平衡方程为：

$$\frac{G_{HC} \dfrac{p_2}{p_0} \dfrac{\sqrt{288}}{\sqrt{T_2}} c_{pa} T_2 (\pi_{HC}^{m_a} - 1)}{\eta_{HC}} = G_{HT} \frac{p_4}{p_0} \frac{\sqrt{288}}{\sqrt{T_4}} c_{pg} \eta_{Hm} T_4 \left[1 - (\pi_{HT})^{-m_g} \right] \eta_{HT} \tag{3.26}$$

叶轮机械压力平衡方程为：

$$p_0 \eta_{in} \pi_{LC} \pi_{HC} \eta_R = \pi_{HT} \pi_{LT} \pi_{PT} p_7 \eta_{ex} \qquad (3.27)$$

式中：η_{in} 为叶轮机械进气压力恢复系数；η_{ex} 为叶轮机械排气压力恢复系数。

高、低压压气机流量方程为：

$$G_{HC} \frac{p_2}{p_0} \frac{\sqrt{288}}{\sqrt{T_2}} = (1 - g_{LC,bleed}) G_{LC} \frac{p_1}{p_0} \frac{\sqrt{288}}{\sqrt{T_1}} \qquad (3.28)$$

式中：$g_{LC,bleed}$ 为叶轮机械从低压压气机各级以及低压压气机后的抽气量占低压压气机进口空气量的比率。

高压压气机、高压涡轮流量方程为：

$$G_{HT} \frac{p_4}{p_0} \frac{\sqrt{288}}{\sqrt{T_4}} = (1 - g_{HC,bleed}) G_{HC} \frac{p_2}{p_0} \frac{\sqrt{288}}{\sqrt{T_2}} + G_f \qquad (3.29)$$

式中：$g_{HC,bleed}$ 为叶轮机械从高压压气机各级以及高压压气机后的抽气量占高压压气机进口空气量的比率。

动力涡轮、低压压气机流量方程为：

$$G_{PT} \frac{p_6}{\sqrt{T_6}} \sqrt{288} = (1 - g_{GT,loss}) G_{LC} \frac{p_1}{p_0} \frac{\sqrt{288}}{\sqrt{T_1}} + G_f \qquad (3.30)$$

式中：$g_{GT,loss}$ 为未进入动力涡轮的空气量占低压压气机进口空气量的比率。

高、低压轴转速关系为：

$$n_L = f_6(n_H, T_1, T_2) \qquad (3.31)$$

动力涡轮进口燃气温度和高压轴转速的关系为：

$$T_6 = f_7(n_H) \qquad (3.32)$$

通过引入健康因子，式（3.5）至式（3.32）构成了叶轮机械的性能退化时的稳态模型。

3.3.3 性能退化模型的求解

由于叶轮机械性能参数与测量参数之间存在的是一种非线性的函数关系式，鉴于叶轮机械气路性能退化都是逐渐的微小变化过程，可以采用小偏差

叶轮机械性能退化分析与预测

线性化方法，将上述非线性的正常运行模型转换为线性的小偏差化性能退化模型，以探索不同性能退化模式下所呈现的特有的"指纹图"，为叶轮机械健康监控和性能退化评估提供参考。

偏差法[171]是一种广泛应用的近似简化算法，具有物理概念清晰和计算简便等优点。常用的偏差法有小偏差法（线性偏差法）和二阶偏差法。

设 n 元函数表达式为 $y = f(x_1, x_2, \cdots, x_i, \cdots, x_n)$，且在 $(x_1^0, x_2^0, \cdots, x_i^0, \cdots, x_n^0, y^0)$ 的领域内存在连续偏导数，则对该函数表达式在 $(x_1^0, x_2^0, \cdots, x_i^0, \cdots, x_n^0, y^0)$ 处实施小偏差法可得：

$$\delta y = \frac{x_1^0}{y^0} \frac{\partial y}{\partial x_1} \delta x_1 + \frac{x_2^0}{y^0} \frac{\partial y}{\partial x_2} \delta x_2 + \cdots + \frac{x_i^0}{y^0} \frac{\partial y}{\partial x_i} \delta x_i + \cdots + \frac{x_n^0}{y^0} \frac{\partial y}{\partial x_n} \delta x_n \quad (3.33)$$

小偏差法是利用泰勒展开式中的含一级偏导数项来表达因变量 y 和自变量 $(x_1, x_2, \cdots, x_i, \cdots, x_n)$ 之间的关系，而略去了泰勒展开式中的二级及其以上的各项，并将因变量 y 和自变量 $(x_1, x_2, \cdots, x_i, \cdots, x_n)$ 无量纲化。

由式（3.33）可知，当自变量 $(x_1, x_2, \cdots, x_i, \cdots, x_n)$ 在一定限度内改变，即变化率微小时，因变量 y 的响应具有足够的精度。尤为重要的是，采用小偏差法具有清晰的物理意义，所以对叶轮机械的性能退化时的稳态模型采用小偏差法可得到测量参数（因变量）和性能参数（自变量）之间的相互关系。鉴于某型叶轮机械的控制策略为燃油流量控制，所以令 $G_f = \text{const}$，对第 3.3.2 节建立的性能退化模型使用小偏差法可得：

$$\delta \eta_{LC} = \frac{\pi_{LC}}{\eta_{LC}} \frac{\partial \eta_{LC}}{\partial \pi_{LC}} \delta \pi_{LC} + \frac{n_L}{\eta_{LC}} \frac{\partial \eta_{LC}}{\partial n_L} \delta n_L + \delta \tilde{\eta}_{LC} \quad (3.34)$$

$$\delta G_{LC} = \frac{\pi_{LC}}{G_{LC}} \frac{\partial G_{LC}}{\partial \pi_{LC}} \delta \pi_{LC} + \frac{n_L}{G_{LC}} \frac{\partial G_{LC}}{\partial n_L} \delta n_L + \delta \tilde{G}_{LC} \quad (3.35)$$

$$\delta T_2 = \frac{m_a \pi_{LC}^{m_a}}{\pi_{LC}^{m_a} - 1 + \eta_{LC}} \delta \pi_{LC} - \frac{\pi_{LC}^{m_a} - 1}{\pi_{LC}^{m_a} - 1 + \eta_{LC}} \delta \eta_{LC} \quad (3.36)$$

$$\delta G_{HC} = \frac{\pi_{HC}}{f_4(\pi_{HC}, n_H)} \frac{\partial f_4(\pi_{HC}, n_H)}{\partial \pi_{HC}} \delta \pi_{HC} + \frac{n_H}{f_4(\pi_{HC}, n_H)} \frac{\partial f_4(\pi_{HC}, n_H)}{\partial n_H} \delta n_H + \delta \tilde{G}_{HC}$$

$$(3.37)$$

$$\delta T_3 = \frac{m_a \pi_{HC}^{m_a}}{\pi_{HC}^{m_a} - 1 + \eta_{HC}} \delta \pi_{HC} - \frac{\pi_{HC}^{m_a} - 1}{\pi_{HC}^{m_a} - 1 + \eta_{HC}} \delta \eta_{HC} \qquad (3.38)$$

$$\delta \eta_B = \delta \tilde{\eta}_B \qquad (3.39)$$

$$\delta \eta_R = \delta \tilde{\eta}_R \qquad (3.40)$$

$$\delta T_4 = \frac{\eta_B G_f H_u}{(\eta_B G_f H_u + G_C c_{pa} T_3)} \delta \eta_B + \frac{T_3 G_C c_{pa}}{(\eta_B G_f H_u + G_C c_{pa} T_3)} \delta T_3 \qquad (3.41)$$

$$\delta G_{HT} = \delta \tilde{G}_{HT} \qquad (3.42)$$

$$\delta \eta_{HT} = \delta \tilde{\eta}_{HT} \qquad (3.43)$$

$$\delta T_5 = \delta T_4 - \frac{m_g \eta_{HT} (\pi_{HT})^{-m_g}}{1 - [1 - (\pi_{HT})^{-m_g}] \eta_{HT}} \delta \pi_{HT} - \frac{\eta_{HT} [1 - (\pi_{HT})^{-m_g}]}{1 - [1 - (\pi_{HT})^{-m_g}] \eta_{HT}} \delta \eta_{HT}$$

$$(3.44)$$

$$\delta G_{LT} = \delta \tilde{G}_{LT} \qquad (3.45)$$

$$\delta \eta_{LT} = \delta \tilde{\eta}_{LT} \qquad (3.46)$$

$$\delta T_6 = \delta T_5 - \frac{m_g \eta_{LT} (\pi_{LT})^{-m_g}}{1 - [1 - (\pi_{LT})^{-m_g}] \eta_{LT}} \delta \pi_{LT} - \frac{\eta_{LT} [1 - (\pi_{LT})^{-m_g}]}{1 - [1 - (\pi_{LT})^{-m_g}] \eta_{LT}} \delta \eta_{LT}$$

$$(3.47)$$

$$\delta G_{PT} = \frac{\pi_{PT}}{f_5(\pi_{PT}, n_{PT})} \frac{\partial f_5(\pi_{PT}, n_{PT})}{\partial \pi_{PT}} \delta \pi_{PT} + \frac{n_{PT}}{f_5(\pi_{PT}, n_{PT})} \frac{\partial f_5(\pi_{PT}, n_{PT})}{\partial n_{PT}} \delta n_{PT} + \delta \tilde{G}_{PT}$$

$$(3.48)$$

$$\delta \eta_{PT} = \delta \tilde{\eta}_{PT} \qquad (3.49)$$

$$\delta T_7 = \delta T_6 - \frac{m_g \eta_{PT} (\pi_{PT})^{-m_g}}{1 - [1 - (\pi_{PT})^{-m_g}] \eta_{PT}} \delta \pi_{PT} - \frac{\eta_{PT} [1 - (\pi_{PT})^{-m_g}]}{1 - [1 - (\pi_{PT})^{-m_g}] \eta_{PT}} \delta \eta_{PT}$$

$$(3.50)$$

$$\delta \eta_{Lm} = \delta \tilde{\eta}_{Lm} \qquad (3.51)$$

$$\delta \eta_{Hm} = \delta \tilde{\eta}_{Hm} \qquad (3.52)$$

$$\delta \tilde{G}_{LC} = \delta T_5 + \frac{m_g}{[1 - (\pi_{LT})^{-m_g}]} (\pi_{LT})^{-m_g} \delta \pi_{LT} + \delta \eta_{LT} + \delta \eta_{LC} - \delta T_1 - \frac{m_a \pi_{LC}^{m_a}}{\pi_{LC}^{m_a} - 1} \delta \pi_{LC}$$

$$(3.53)$$

$$\delta \bar{G}_{HC} = \delta T_4 + \frac{m_g}{\left[1 - \left(\pi_{HT} \right)^{-m_g} \right]} \left(\pi_{HT} \right)^{-m_g} \delta \pi_{HT} + \delta \eta_{HT} + \delta \eta_{HC} - \delta T_2 - \frac{m_a \pi_{HC}^{m_a}}{\pi_{HC}^{m_a} - 1} \delta \pi_{HC}$$

$$(3.54)$$

$$\delta \pi_{LC} = \delta \pi_{HT} + \delta \pi_{LT} + \delta \pi_{PT} - \delta \pi_{HC} - \delta \eta_R \qquad (3.55)$$

$$\delta \bar{G}_{HC} = \delta \bar{G}_{LC} \qquad (3.56)$$

$$\delta \bar{G}_{HT} = \frac{\bar{G}_{HC} \left(1 - g_{HC,bleed} \right)}{\left(1 - g_{HC,bleed} \right) \bar{G}_{HC} + G_f} \delta \bar{G}_{HC} \qquad (3.57)$$

$$\delta \bar{G}_{PT} = \frac{\bar{G}_{LC} \left(1 - g_{GT,loss} \right)}{\left(1 - g_{GT,loss} \right) \bar{G}_{LC} + G_f} \delta \bar{G}_{LC} \qquad (3.58)$$

$$\delta n_L = \frac{n_H}{f_6 \left(n_H, T_1, T_2 \right)} \frac{\partial f_6 \left(n_H, T_1, T_2 \right)}{\partial n_H} \delta n_H + \frac{T_1}{f_6 \left(n_H, T_1, T_2 \right)} \frac{\partial f_6 \left(n_H, T_1, T_2 \right)}{\partial T_1} \delta T_1 +$$

$$\frac{T_2}{f_6 \left(n_H, T_1, T_2 \right)} \frac{\partial f_6 \left(n_H, T_1, T_2 \right)}{\partial T_2} \delta T_2$$

$$(3.59)$$

$$\delta T_6 = \frac{n_H}{f_7 \left(n_H \right)} \frac{\partial f_7 \left(n_H \right)}{\partial n_H} \delta n_H \qquad (3.60)$$

根据某型叶轮机械的特性，其简单性能参数有六个，分别是高压涡轮流量 G_{HT}、低压涡轮流量 G_{LT}、高压轴机械效率 η_{Hm}、低压轴机械效率 η_{Lm}、进气压力恢复系数 η_{in}、排气压力恢复系数 η_{ex}，对于这六个简单性能参数，性能参数变化只由自身特性引起，即：

$$\delta G_{HT} = \delta \tilde{G}_{HT} \qquad (3.61)$$

$$\delta G_{LT} = \delta \tilde{G}_{LT} \qquad (3.62)$$

$$\delta T_6 = \frac{n_H}{f_7 \left(n_H \right)} \frac{\partial f_7 \left(n_H \right)}{\partial n_H} \delta n_H \qquad (3.63)$$

$$\delta \eta_{Lm} = \delta \tilde{\eta}_{Lm} \qquad (3.64)$$

$$\delta \eta_{in} = \delta \tilde{\eta}_{in} \qquad (3.65)$$

$$\delta \eta_{ex} = \delta \tilde{\eta}_{ex} \qquad (3.66)$$

对于燃烧室，由于压力恢复系数的降低是导致压力损失效率的主导因素，所以：

$$\delta \eta_R = \frac{1 - (\eta_R \pi_{LC} \pi_{HC})^{-m_g}}{m_g (\eta_R \pi_{LC} \pi_{HC})^{-m_g}} \delta \tilde{\eta}_R \qquad (3.67)$$

对叶轮机械性能退化数学模型进行小偏差化处理后，综合模型中的方程，将其变形为矩阵形式，可得如式（3.68）所示的性能退化模型的小偏差形式：

$$\delta y = B^{-1} \cdot C \cdot \delta x = A \cdot \delta x \qquad (3.68)$$

式中：$\delta y = [\delta \eta_{LC}, \delta \eta_{HC}, \delta \eta_B, \delta \eta_R, \delta \eta_{HT}, \delta \eta_{LT}, \delta \eta_{PT}, \delta G_{LC}, \delta G_{HC}, \delta G_{PT}, \delta \pi_{LC}, \delta \pi_{HC},$ $\delta \pi_{HT}, \delta \pi_{LT}, \delta \pi_{PT}, \delta n_L, \delta n_H, \delta n_{PT}, \delta T_2, \delta T_3, \delta T_4, \delta T_5, \delta T_6, \delta T_7]^T$ 为 24 维响应向量（响应向量中包括测量参数和复杂性能参数向量）；$\delta x = [\delta \tilde{\eta}_{LC}, \delta \tilde{\eta}_{HC}, \delta \tilde{\eta}_B, \delta \tilde{\eta}_R,$ $\delta \tilde{\eta}_{HT}, \delta \tilde{\eta}_{LT}, \delta \tilde{\eta}_{PT}, \delta \tilde{G}_{LC}, \delta \tilde{G}_{LT}, \delta \tilde{G}_{PT}, \delta \tilde{\eta}_{Lm}, \delta \tilde{\eta}_{Hm}, \delta \tilde{\eta}_{in}, \delta \tilde{\eta}_{ex}]^T$ 为 14 维健康因子向量，响应向量与健康因子分别位于式中的左右两边。式（3.68）中 $A = B^{-1} \cdot C$ 是联系健康参数（性能参数）和测量参数之间内在规律的矩阵，类似于故障诊断中影响系数矩阵（influence coefficient matrix，ICM）的定义[27]，本书定义其为退化系数矩阵（deterioration coefficient matrix，DCM）。

3.4 稳态性能退化模拟及分析案例

小偏差法依赖模型的精确度，虽然本书第 2 章对叶轮机械特性曲线进行的拟合和修正，在一定程度上保证了叶轮机械模型的精确度，但对于叶轮机械产生较大性能退化时，线性化模型引起的误差可能跟性能退化本身引起的测量参数的改变量具有相同的数量级[26]。

为了进一步降低模拟的部件性能退化与真实性能退化之间的误差，鉴于叶轮机械性能是逐步退化的过程，受故障诊断中的非线性气路分析方法启发[27,47]，本书采用迭代使用小偏差法来模拟叶轮机械的非线性的性能退化过程，如图 3.2 所示。

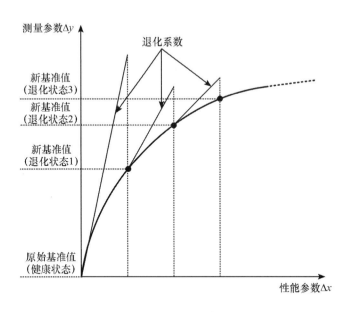

图 3.2　叶轮机械性能退化趋势示意图

非线性的性能退化模拟方法的步骤如下：

步骤 1：以性能参数的健康状态为基准值，叶轮机械运行产生微小量的性能退化时，采用线性小偏差法计算出退化系数矩阵。

步骤 2：根据各种性能退化下健康因子的变化，由退化系数矩阵中的相关系数，得到测量参数和性能退化的量化值。

步骤 3：以性能退化后的性能参数值为新的基准值，迭代采用线性小偏差法，重新计算得出新的退化系数矩阵。重复步骤 2 得到性能退化趋势下的测量参数和性能退化的量化值的变化规律。

在叶轮机械的实际运行中，对于叶轮机械的某一部件，可能同时发生两种或多种性能退化模式。但现阶段对于叶轮机械产生气路性能退化的机理研究很少，即使有，也是对某种机型进行的单种性能退化试验，而且试验结果和具体试验对象机型的固有特性密切相关，受此限制，试验的量化结果也不能完全保证其普适性。鉴于两种及两种以上的部件性能退化对叶轮机械性能影响的耦合机理尚不明确，本书研究的性能退化模式包括一个部件的某种性能退化模式和多个部件的性能退化耦合（每个部件只发生一种性能退化）两类情况，并根据有关文献设定性能退化对效率和折合流量的量化指标。

压气机叶片的结垢是最常见的压气机性能退化模式。设低压压气机叶片结垢导致低压压气机流量下降 2%、效率降低 1% 为一个单位的性能退化指标 $DI_{LC,1}$。则该型叶轮机械低压压气机发生叶片结垢性能退化的指纹图如图 3.3 至图 3.4 所示。

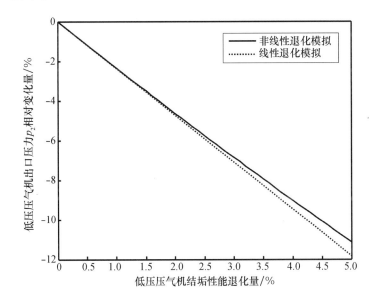

图 3.3　低压压气机出口压力随低压压气机结垢发展的变化曲线

随着低压压气机结垢的发展，通过模拟可知，低压压气机出口压力下降，但是，线性退化量要大于非线性退化量，当低压压气机结垢 5% 时，线性退化量为 −11.859 4%，非线性退化量为 −11.143 3%，误差为 −6.426 4%。

由此可见，对于具有高度非线性特性的叶轮机械来说，非线性模拟更能反映其结垢退化趋势，因而不宜采用线性方法获取退化样本数据；此外，低压压气机出口压力变化较大，可作为低压压气机结垢性能退化评估的监测参数。

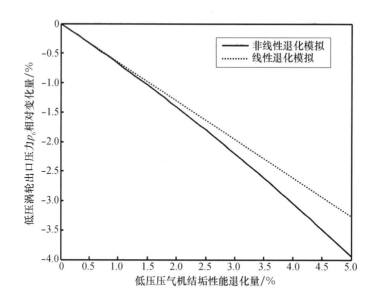

图 3.4　低压涡轮出口压力随低压压气机结垢发展的变化曲线

　　随着低压压气机结垢的发展，通过模拟可知，低压涡轮出口压力下降，但是，非线性退化量要大于线性退化量，当低压压气机结垢 5% 时，线性退化量为 −3.267 4%，非线性退化量为 −3.947 9%，误差为 17.237 0%。低压涡轮出口压力变化较大，可作为低压压气机结垢性能退化评估的监测参数。

　　鉴于叶轮机械性能是逐步退化的过程，受故障诊断中的非线性气路分析方法启发，采用迭代使用小偏差法来模拟叶轮机械的非线性的性能退化过程，研究了低压压气机叶片结垢性能退化模式下，叶轮机械各个截面监测参数随压气机结垢的发展而变化的规律，以及结垢性能退化对叶轮机械系统性能的影响。同时，得到了非线性退化过程的指纹图，所得样本可为叶轮机械性能退化健康监控中的参数优化选择和性能退化评估提供参考。

　　性能退化模拟结果表明，在叶轮机械的各种性能退化中，一般紧挨着"病灶"的测量参数变化幅度最大，少数参数（如低压涡轮的相关测量参数）虽然在空间上离"病灶"（如低压压气机）较远，但由于基于部件之间的耦合关系，变化也可能较大；此外，绝大部分可测参数的变化随退化指标增加呈非线性变化。

3.5   本章小结

本章对叶轮机械性能退化的机理进行了归纳和总结，定性剖析其产生的原因，阐述了潜在的隐患。通过引入健康因子，建立了基于经验特性和热力学理论模型相结合的性能退化模型。采用迭代使用小偏差法来模拟叶轮机械的非线性的性能退化过程，研究了在叶片结垢、磨损、腐蚀、外来物损伤、叶顶间隙增大等性能退化模式下，单个及多个部件的性能退化对叶轮机械系统的影响；得到了非线性退化过程的指纹图，所得样本可为叶轮机械性能退化健康监控中的参数优化选择和性能退化评估提供参考。

第4章
叶轮机械动态性能退化建模

4.1 引 言

目前，大多数的叶轮机械性能退化评估方法和技术都是基于稳态数据。而在对叶轮机械进行性能退化的稳态评估中，基准态的准确与否对叶轮机械性能退化的定量评估影响很大。一是受到外界环境以及负荷等因素的影响，叶轮机械的稳态基准也可能在一定的微小范围内变化，绝对的稳态是很难获取的。二是测量参数中的噪声与故障造成的测量参数偏差量往往具有相同的数量级，而且测量信号可能存在偏置。三是一些叶轮机械部件性能退化中，例如因磨损而导致的性能退化模式，在稳态时发生的概率就要远远小于其在瞬态发生的概率。四是由于性能退化，叶轮机械性能在瞬态的变化也很可能比其在稳态要大得多。因此，在以上情况下，测量参数的瞬态特性对于叶轮机械性能退化的监测和评估具有很重要的意义。

目前，根据研究的需要以及计算机的实践，对于复杂的非线性特性的叶轮机械，非线性仿真模型考虑了部件特性的非线性因素，适合于研究其变工况的动态过程[172]。

余又红等[173]在各流动连接段处集中考虑容积惯性，解决了变工况中方程求解的迭代问题，使得模块具有可连接性和"重用"性。但针对性建立非线性仿真模型时同样存在过于简化的问题，如采用定比热容、忽略油气比和排压的变化等，使得仿真结果不够精确。

为进一步提高非线性仿真模型的仿真精度，黄荣华等[174]采用变比热容的计算方法，并考虑油气比及排压（排气管道出口总压）的变化对系统的影响，建立了一种非线性的考虑容积惯性的双轴叶轮机械动态仿真模型。

上述研究结果对同一系列的叶轮机械的共同特性研究具有参考价值，但对于某一具体的叶轮机械装置的健康管理和性能退化评估工作，由于其各部件的特性存在差异，建模的精度有待进一步提高。本书第 3 章已经根据试车台上的测量数据，对某型叶轮机械通用特性曲线进行了修正，获得了较为精确的部件特性。

本章以第 2 章所获得修正后的叶轮机械部件精确特性为基础，建立健康叶轮机械的动态模型，通过对健康叶轮机械的性能退化模拟，获得叶轮机械性能退化后的动态响应特性，同时也为第 6 章监测参数的拓展和选择奠定基础。

4.2 动态性能退化模型

4.2.1 健康状态下的叶轮机械动态模型

本节基于修正后的部件特性，考虑工质的变比热，运用容积惯性法，建立了某型叶轮机械装置在健康状态下的动态模型。

叶轮机械本体的数学模型由以下三组方程组构成：

（1）部件特性方程组；

（2）参数联系方程组；

（3）惯性环节的微分方程组。

由于部件特性方程组和参数联系方程组在本书的第 3 章有体现，故本章对压气机、涡轮、燃烧室等部件的特性模块、进出口截面热力学参数关系模块、做（耗）功模块等有关的公式不再——列出。

许多学者对燃烧室进出口截面方程采取了诸如式（4.1）的形式：

$$T_{\text{out}} \approx T_{\text{in}} + \frac{G_{\text{f}} H_{\text{u}} \eta_{\text{B}}}{c_{\text{pg}}(G_{\text{C}} + G_{\text{f}})} \tag{4.1}$$

本书作者在仿真建模的实践中发现，式（4.1）所得到的燃烧室出口温度T_{out}和严格按式（4.2）得到的燃烧室出口温度T_{out}差别较大。式（4.2）为：

$$T_{\text{out}} = \frac{c_{\text{pa}} G_{\text{C}} T_{\text{in}} + G_{\text{f}} H_{\text{u}} \eta_{\text{B}}}{c_{\text{pg}}(G_{\text{C}} + G_{\text{f}})} = \frac{c_{\text{pa}} G_{\text{C}}}{c_{\text{pg}}(G_{\text{C}} + G_{\text{f}})} T_{\text{in}} + \frac{G_{\text{f}} H_{\text{u}} \eta_{\text{B}}}{c_{\text{pg}}(G_{\text{C}} + G_{\text{f}})} \tag{4.2}$$

将某型叶轮机械在1.0工况下的有关燃烧室参数分别代入式（4.1）和式（4.2）计算得到的燃气初温相对误差值分别为60.4 K和−3.0 K。由此可见，式（4.2）计算结果较准确。

另外，由式（4.2）可知，T_{in}的系数为$c_{\text{pa}} G_{\text{C}} / c_{\text{pg}}(G_{\text{C}} + G_{\text{f}})$ = 0.917 7。如果将系数约等于1，导致燃气初温的计算值大于实际值，且误差较大。所以，本书采用式（4.2）推导式（3.13）并计算燃烧室出口温度T_{out}。

某型叶轮机械的惯性环节的微分方程组包括转子转动惯性方程组和纯容积惯性方程组。其中，转子转动惯性方程组包括低压轴、高压轴、动力轴这三根轴的转子转动惯性方程，其微分方程分别为：

$$\frac{\mathrm{d}n_{\text{L}}}{\mathrm{d}t} = \frac{900}{I_{\text{L}} \cdot \pi^2 \cdot n_{\text{L}}}(Ne_{\text{LT}} - Ne_{\text{LC}}) \tag{4.3}$$

$$\frac{\mathrm{d}n_{\text{H}}}{\mathrm{d}t} = \frac{900}{I_{\text{H}} \cdot \pi^2 \cdot n_{\text{H}}}(Ne_{\text{HT}} - Ne_{\text{HC}}) \tag{4.4}$$

$$\frac{\mathrm{d}n_{\text{PT}}}{\mathrm{d}t} = \frac{900}{I_{\text{PT}} \cdot \pi^2 \cdot n_{\text{PT}}}(Ne_{\text{PT}} - Ne_{\text{load}}) \tag{4.5}$$

式中：n_{L}、n_{H}、n_{PT}分别为低压轴的转速、高压轴的转速、动力轴的转速；I_{L}、I_{H}、I_{PT}分别为低压轴的转动惯量、高压轴的转动惯量、动力轴的转动惯量；Ne_{LT}、Ne_{HT}、Ne_{PT}分别为低压涡轮的做功、高压涡轮的做功、动力涡轮的做功；Ne_{LC}、Ne_{HC}、Ne_{load}分别为低压压气机的耗功、高压压气机的耗功、动力涡轮的负载。

纯容积惯性方程组包括四个容积：第一个容积 V_1 在低压压气机和高压压气机之间，包括低压压气机通流部分容积和两压气机之间的容积；第二个容积 V_2 位于高压压气机和燃烧室之间，包括高压压气机通流部分容积、高压压气机和燃烧室之间的容积、燃烧室容积、燃烧室与高压涡轮之间的容积；第三个容积 V_3 位于高压涡轮和低压涡轮之间，包括高压涡轮容积、高压涡轮和低压涡轮之间的容积；第四个容积 V_4 位于低压涡轮和动力涡轮之间，包括低压涡轮容积、低压涡轮和动力涡轮之间的容积。

　　上述四个纯容积惯性的微分方程为：

$$\frac{\mathrm{d}p_2}{\mathrm{d}t} = \frac{RT_2}{V_1}(G_{\mathrm{out,LC}} - G_{\mathrm{in,HC}}) \tag{4.6}$$

$$\frac{\mathrm{d}p_3}{\mathrm{d}t} = \frac{RT_3}{V_2}(G_{\mathrm{out,HC}} - G_{\mathrm{in,B}}) \tag{4.7}$$

$$\frac{\mathrm{d}p_5}{\mathrm{d}t} = \frac{RT_5}{V_3}(G_{\mathrm{out,HT}} - G_{\mathrm{in,LT}}) \tag{4.8}$$

$$\frac{\mathrm{d}p_6}{\mathrm{d}t} = \frac{RT_6}{V_4}(G_{\mathrm{out,LT}} - G_{\mathrm{in,PT}}) \tag{4.9}$$

　　何远令[170]运用机理建模的方法，对某型叶轮机械燃油控制系统进行了数学建模，并进行了 MATLAB/Simulink 的仿真。本书将其所建立的燃油控制系统的模型与叶轮机械本体的模型联合起来，对某型叶轮机械的动态性能进行仿真研究。应用 MATLAB/Simulink 软件建立的某型叶轮机械在健康状态下的模型如图 4.1 所示。

　　图 4.1 所示的健康状态模型主要包括：低压压气机、高压压气机、燃烧室、高压涡轮、低压涡轮、动力涡轮、燃油系统、容积惯性、转子惯性等 13 个子系统，其中第 2 个容积 V_2 在燃烧室子系统内。模型的输入包括：环境压力 p_0、环境温度 T_0、叶轮机械的操纵（功率）控制手柄 PCL；模型的输出包括：高压轴转速、低压轴转速、动力涡轮轴功，以及叶轮机械各截面的热力学参数。

　　健康状态下的叶轮机械模型正确与否，以及精确程度，都直接影响仿真结果的可信度以及后续的性能退化状态下的叶轮机械动态模型的特性。本书

叶轮机械性能退化分析与预测

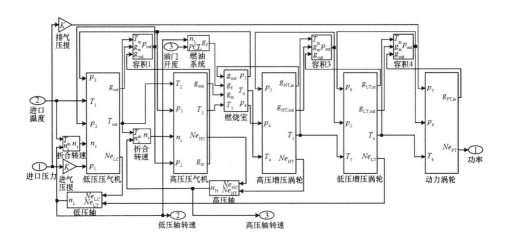

图 4.1 某型叶轮机械健康状态下的 MATLAB/Simulink 模型

将动态仿真结果与该叶轮机械的实装实验数据对比，验证模型的正确性和精度。

图 4.2 和图 4.3 分别为叶轮机械从 0.5 工况到 0.99 工况下的低压轴转子转速、高压轴转子转速随时间的变化曲线；图 4.4 为叶轮机械输出轴功随时间的变化曲线。通过比较可知，仿真结果和实测数据基本吻合，表明仿真模

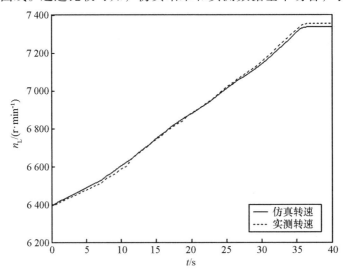

图 4.2 加速工况下叶轮机械低压轴转子转速随时间变化曲线

型具有一定的准确性和实时性，能够反映叶轮机械工作的特性和规律。

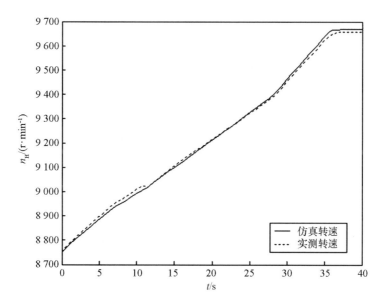

图 4.3　加速工况下叶轮机械高压轴转子转速随时间变化曲线

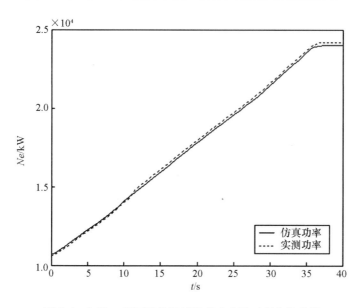

图 4.4　加速工况下叶轮机械输出功率随时间变化曲线

4.2.2　性能退化后的叶轮机械动态模型

在健康叶轮机械动态模型中，将健康因子及相关参数引入性能退化子系统，建立了叶轮机械在性能退化状态下的动态模型，如图4.5所示。

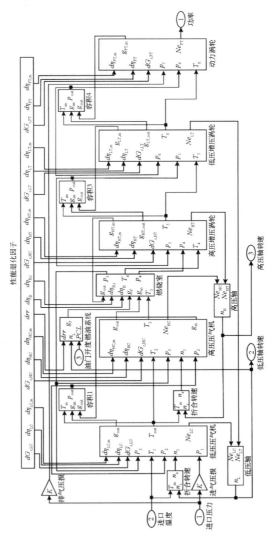

图4.5　某型叶轮机械性能退化状态下的 MATLAB/Simulink 模型

图 4.5 所示的性能退化模型主要包括：低压压气机、高压压气机、燃烧室、高压涡轮、低压涡轮、动力涡轮、燃油系统、容积惯性、转子惯性、性能退化发生器等 14 个子系统，其中第 2 个容积 V_2 在燃烧室子系统内。模型的输入包括：环境压力 p_0、环境温度 T_0、叶轮机械的操纵（功率）控制手柄 PCL，以及性能退化发生器中的相关参数设定；模型的输出包括：高压轴转速、低压轴转速、动力涡轮轴功，以及叶轮机械各截面的热力学参数。

需要说明的是，由于动态性能退化的机理尚不明确，所以设定每种健康因子的取值在叶轮机械的动态过程中为定值，即健康因子的取值不随工况的改变而改变。

4.3　动态性能退化模拟及分析案例

叶轮机械发生性能退化后，除了在各种稳态下对测量参数产生影响，在动态过程中的影响规律也值得探索和研究，为叶轮机械的健康管理和性能退化评估提供新途径、新角度和新思路。

压气机叶片结垢是最常见的叶轮机械性能退化模式，本节以低压压气机为例进行仿真实验。在从 0.5 工况到 0.99 工况的变工况过程中，设低压压气机叶片结垢导致低压压气机流量下降 1%、效率降低 0.5%，则该型叶轮机械低压压气机发生叶片结垢后，相对于健康叶轮机械，性能退化的叶轮机械各截面的热力学参数的变化如图 4.6 ~ 图 4.17 所示，对燃油系统的供油规律的影响如图 4.18 所示，对叶轮机械系统输出轴功的影响如图 4.19 所示。

从动态过程中各截面的热力学参数的变化来看，有的参数的相对变化值在低工况下甚至比高工况下要大，但绝大部分参数的相对变化方向是一致的，只有燃油流量相对变化的方向发生了多次改变。纵观所有的参数变化规律，形态各异，没有稳态性能退化时所呈现的线性相关性。

有趣的是，从图 4.12 中的高压涡轮进口温度 T_4 和图 4.13 中的高压涡轮出口温度 T_5 随时间的相对变化值可以看出，其趋势十分相近。究其原因，首先是性能退化的"源头"不在高压涡轮,高压涡轮进出口截面上的参数变化只是部件匹配过程中的响应;其次是高压涡轮在很大范围内,其效率基本保持为一个恒定值。因此,其进出口截面的温度参数相对变化值的规律很相似。

在图4.6~图4.17中,有部分图中参数的相对变化值在0~5 s有一个较大的瞬间跳跃值,这主要是由叶轮机械模型中部件特性的数值化导致的,也有可能是叶轮机械部件特性的高度非线性特性的呈现,具体原因有待于进一步研究。

由图4.12可知,由于压气机结垢,高压涡轮进口温度 T_4 升高,对叶轮机械的安全运行带来了隐患,特别是随着工况的升高,高压涡轮进口温度 T_4 的升高更大,这就需要从控制策略上限制燃气初温或尽量避免在高工况下长期运行,但这两种都是治标的方法;治本的方法还是适时对压气机进行清洗,保证叶轮机械处于良好运行状态。

在图4.18中,由燃油流量随时间的相对变化规律可知,尽管该型叶轮机械采取定流量控制策略,但在性能退化后,其燃油流量动态变化规律还是受到了影响。不过稳定之后,燃油流量的变化率仅为 – 0.016 1% ,几乎可以忽略不计。

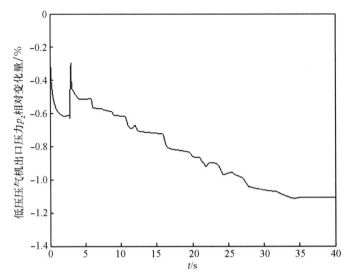

图4.6　低压压气机出口压力随时间的相对变化

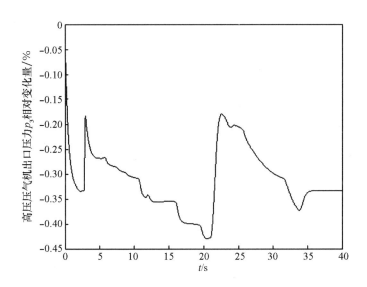

图 4.7　高压压气机出口压力随时间的相对变化

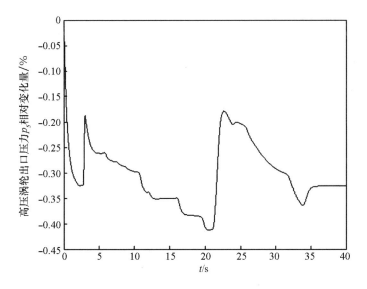

图 4.8　高压涡轮出口压力随时间的相对变化

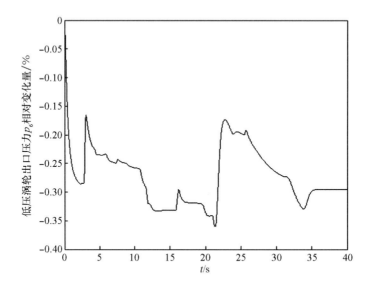

图4.9　低压涡轮出口压力随时间的相对变化

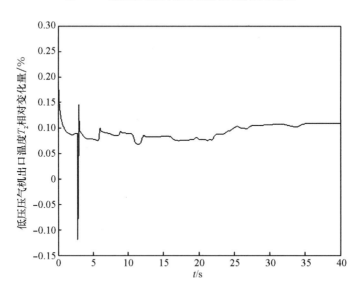

图4.10　低压压气机出口温度随时间的相对变化

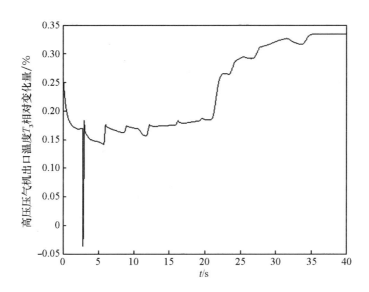

图 4.11　高压压气机出口温度随时间的相对变化

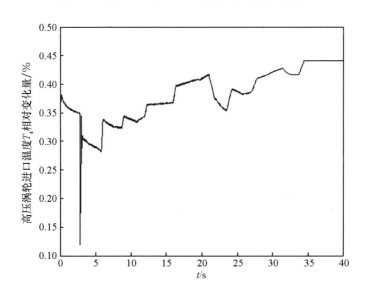

图 4.12　高压涡轮进口温度随时间的相对变化

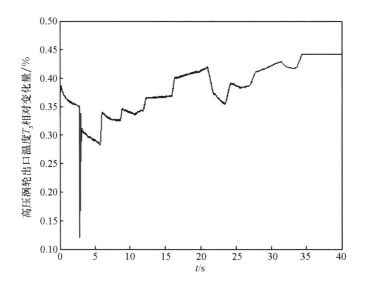

图 4.13　高压涡轮出口温度随时间的相对变化

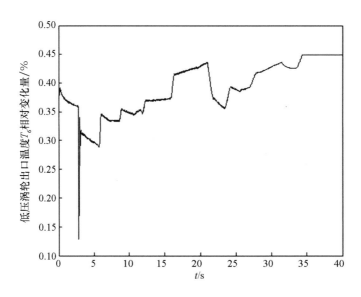

图 4.14　低压涡轮出口温度随时间的相对变化

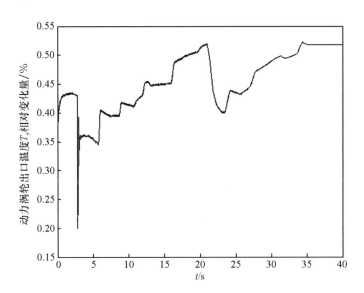

图 4.15　动力涡轮出口温度随时间的相对变化

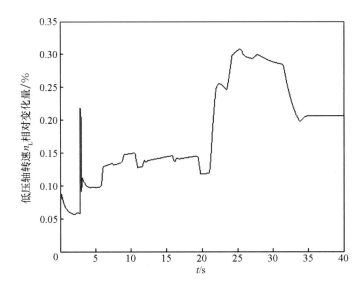

图 4.16　低压轴转速随时间的相对变化

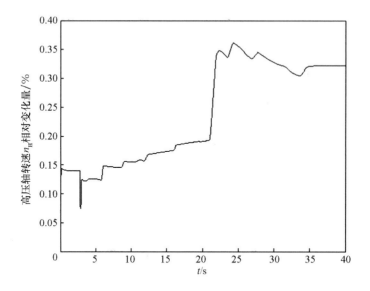

图 4.17 高压轴转速随时间的相对变化

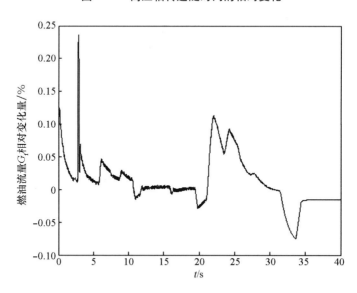

图 4.18 燃油流量随时间的相对变化

在图 4.19 中，由输出轴功随时间的相对变化规律可知，各种工况下的输出轴功的相对变化量不一样。输出轴功降低最大发生在 20 ~ 25 s，为 – 103.522 5 kW。从经济学的角度来看，在发生这种性能退化模式后，应尽量避开该工况下长期运行。

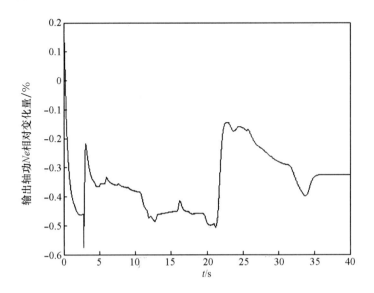

图 4.19　输出轴功随时间的相对变化

4.4　本章小结

本章完成的主要工作和研究成果如下：

（1）基于修正后的部件特性，考虑工质的变比热，运用容积惯性法建模，建立了包括燃油控制系统与叶轮机械本体的某型叶轮机械装置在健康状态下的动态模型。动态仿真结果和实测数据的对比表明，所建立的模型具有一定的精度。

（2）引入性能退化子系统，建立了性能退化的叶轮机械动态模型。通过对性能退化发生器中参数进行设定，可以对叶轮机械进行各种性能退化模式的模拟，获得了测量参数在动态过程中的变化特性和规律。为研究叶轮机械装置的性能退化提供一种有效的手段和方法。

（3）在低压压气机结垢仿真中得到的测量参数变化特性，为叶轮机械的健康管理和性能退化评估提供了丰富的信息。首先，从动态过程中各截面的热力学参数的变化来看，有的参数的相对变化值在低工况下甚至比高工况下要大，但绝大部分参数的相对变化方向是一致的；其次，尽管该型叶轮机械采用定流量控制策略，但在性能退化后，其燃油流量动态变化规律还是受到了影响；再次，从输出轴功随时间的相对变化规律来看，基于经济学角度，应尽量避开在输出轴功降低最大时下长期运行；最后，仿真结果表明，低压压气机结垢将导致燃气初温升高，工况越大，温升越大，所得结果为叶轮机械的安全运行提供决策参考。

（4）测量参数在动态变化过程中相对变化方向和稳态相对变化方向是一致的，但是到了和稳态相同的工况之后，测量参数变化量并不相等，造成这种现象的原因主要有三点：一是在稳态建模中，工质采用的是定压比热容，而在动态建模中采用的是变比热；二是为了便于模型的运行，在动态模型中的特性获取采取拟合与插值相结合的方法，而在稳态模型中是采用拟合得到的解析式，所以尽管在同一工况，动态模型中的部件特性值和稳态模型中的特性值有一定的误差；三是在稳态模型中供油量为常数，而动态模型中由于燃油控制系统存在误差，使得叶轮机械达到同一工况时的动态供油量也与稳态供油量存在一定的差别。

第5章
叶轮机械性能退化评估

5.1 引　言

人工神经网络（ANN）因其很强的非线性映射能力、并行处理、鲁棒性和容错性、分布式信息存储、自组织自适应学习能力，已经成为模式识别、人工智能、信号处理及控制工程等领域解决问题的有力工具。

目前，代表性的人工神经网络模型有误差反向传播（back propagation，BP）神经网络[175-177]、径向基函数（RBF）神经网络[178-179]、双向联想记忆（bidirectional associative memory，BAM）神经网络、Hopfield 反馈神经网络[7]、自组织特征映射（self organizing feature map，SOFM）神经网络、自适应共振理论（adaptive resonance theory，ART）神经网络、小脑模型神经网络（cerebellar model articulation controller，CMAC）、量子神经网络等。本章基于由粒子群算法优化 RBF 神经网络的初始权值，运用改进后的 RBF 神经网络对其进行训练和测试，以达到通过测量参数来定位、定量监控和评估叶轮机械的性能退化，为视情维修拓展新思路，提供新方法。

5.2 复杂系统性能退化评估的理论基础

5.2.1 系统科学基础

系统科学是系统评估的基础，只有树立系统科学的观点，才能建立科学的评价体系和切实可行的评估方法。对于实际装备系统而言，系统科学在其技术状态评估中的重要性主要体现在两个方面：一是复杂装备系统的当前技术状态受到部件性能、运行环境、设备完好率、系统完整性等诸多方面的影响，要想正确分析其性能退化趋势并得到正确的评估结果，就必须统筹考虑所有可能的影响因素；二是评价体系的建立过程本身就是一个复杂的系统工程，需要系统科学理论的指导。

1. 基本概念

系统一般被定义为"具有特定功能、由多个相互之间存在有机联系的要素所构成的整体"[180]，而系统科学就是研究系统特性和运行规律的科学。现代系统科学理论的诞生以美国理论生物学家 Bertalanffy 在 1968 年发表的《一般系统理论基础、发展和应用》为标志[181]，经过 50 多年的发展，从理论方法到工程应用都形成了完整的科学体系，已成为社会学、自然科学、思维科学、工程技术等领域的基础理论和研究方法[182-184]。

根据系统科学的观点，尽管不同系统有不同的组成和内部关系，但是它们都是物质、能量和信息相互作用和有序运动的产物。具体到本书研究的叶轮机械系统，它是由各种动力机械、管路系统、不同性质的工质、各种热力过程以及设备交联信息组成的有机整体，其性能退化评估涉及系统内部结构和要素、要素之间的相互关系、系统运行和发展机理等，具有横向、综合和方法论的性质。

2. 主要内容

系统科学的知识结构一般可以分为系统哲学、基础科学、方法科学和应用科学四个层次[180-181]；对应实际的装备系统，这四个层次的研究内容分别为系统认知、系统建模、评估方法和工程应用。

（1）系统认知

按系统科学理论开创者 Bertalanffy 的观点，当系统作为一个新的科学对象引入后，就应该对问题的处理思想和方法重新定向，也就是人们常说的"要从系统观点出发处理问题"。系统认知主要研究系统本体，包括系统概念、系统演化和系统分析等。其中，系统概念主要研究系统的定义，例如这是一个什么性质的系统、系统具备哪些功能和模式、系统的组成要素有哪些、系统的拓扑结构和内部关系是什么、系统外部环境和交互信息如何界定、子（分）系统如何分解等。系统演化主要研究系统的运动模式和规律，也就是研究系统是如何运动和发展的，这是实现复杂装备系统性能退化评估和预测的关键问题。系统分析是在系统演化研究的基础上，通过某种方法揭示系统的运行特性和发展趋势，指导系统模型的构造。

（2）系统建模

系统建模是指在系统认知的基础上，采用某种方式描述系统的输入输出关系和内部运行规律，进而对实际或是设想中的系统进行仿真研究，描述的方式可以是物理模型，也可以是数学模型，还可以是数学 – 物理混合模型。显然，对于本书研究的叶轮机械系统，数学模型要比物理模型更加经济、方便和灵活。

对于叶轮机械的性能退化评估而言，系统建模的主要目标是建立具有足够计算精度，能够模拟实际装备系统在不同类型和程度性能退化因素作用下的稳态和动态特性的数学模型，其中涉及模型构造、参数辨识和模型简化等方面的问题。

（3）评估方法

复杂装备系统性能退化评估的相关方法包括制定评价标准、选取评估指标、建立指标体系、明确指标计算和综合方法等。

不同方法适用于不同问题，一个实际装备系统的性能退化评估可能需要多种方法才能解决。以本书研究的叶轮机械系统为例，在其评估过程中既要用到定性的研究方法（比如准则建立、指标选取等），又要用到定量的研究方法（比如权重确定、评估指标的数据处理与综合等）；在评估结束后，既要得到定性的结果（比如对系统综合技术状态的判定、对设备性能退化的趋势预测、对故障的诊断与定位等），也要得到定量的结果（比如量化的设备技术性能指标、对性能退化实验的数据分析结果等），这需要研究者根据具体问题选择适当的研究方法。

（4）工程应用

工程应用主要是研究如何运用评估成果解决实际问题，它实际上包含了系统工程的概念和方法论，既要从系统看工程，也要从工程看系统。从系统看工程，是指用系统科学的相关理论和知识去解决工程问题；从工程看系统，是指用工程的方法去改造系统。

5.2.2　信息论基础

当今社会中，各式各样的信息无处不见，以至于人们把今天的时代称为信息时代。在系统科学领域，信息的概念也频繁出现[185-186]，已成为复杂装备系统研究不可缺少的基础之一。这主要体现在两个方面：一是信息反映了装备系统的结构关系，是装备系统复杂程度的度量；二是信息是对装备系统属性的描述，并且在一定程度上给出了对装备系统能力的量化，是人们认识、描述和区分客观事物的基本途径。

从系统论角度来看，装备系统的技术状态评估本质上是对装备系统信息的分析和研究，而信息的正确性将直接决定评估结果的正确性，所以对于本书研究的叶轮机械系统而言，实现其性能退化评估的关键是获取足够多的有用信息。

1. 基本概念

信息这个概念在近代科学的思想框架内，很难找到合适的位置。一方面，信息既不是物质，也不是精神，而是系统的一种状态，在系统解体之后就不复存在了；另一方面，它又是独立于系统的一种存在，可以任意转移和复制，与通常人们熟悉的物质、能量等物理概念完全不同。现代系统科学把系统状态也看作与物质一样的客观存在，认为"信息是某个系统在特定层面上的一种状态，这种状态反映了系统的结构、能力和复杂程度"[187]。这种描述是对信息的一种说明，具体到工程应用上，还需要综合研究对象本身的特性。

针对本书研究的叶轮机械系统，正确获取对象信息并了解信息的基本特征，对于选择适当的信息处理方式和系统评估方法，都具有非常现实的意义。根据目前人们对复杂热力系统的研究，发现描述其结构关系和属性的信息至少具有以下六个特征：

（1）客观性

对于叶轮机械系统而言，信息反映的是客观事实，是系统某一方面的属性，这是利用信息进行技术状态评估的基本依据。信息的客观性是一切工作的基础，依据一个不真实、不准确的信息得到的评估结果是不可信的，由此作出的使用和管理决策也是不可行的。因此，在信息采集时，首先应当保证信息的客观性。

（2）主观性

信息的主观性，是指信息作用不同主体上的效果是不同的，这也是信息与数据的主要区别之一。相对于数据，信息在概念上更加强调对客观事物或系统的真实描述，而这种描述在很大程度上是因人或事而异的，主观性很强。因此，在进行叶轮机械系统的技术状态评估时，需要集中力量了解、认识、分析系统的全部关键信息，并根据具体问题进行取舍。

（3）抽象性

信息是对系统属性的描述，在本质上是一种对系统的抽象。同时，信息的内容不依赖于介质存在，在不同系统之间可以通过一定对应关系传递和复制。信息的这种抽象性本质，决定了信息处理的重要性。在叶轮机械系统的性能退化评估中，获取的各种评估信息必须经过处理才能应用于具体的评估过程。

（4）系统性

叶轮机械系统是由一系列高速、高温、高压设备，管路系统以及内部不同物理、化学性质的工质构成的有机整体，结构复杂、设备众多、内部交联信息多样，其技术状态不是单个信息可以描述的，必须建立一个完整的、有机结合的信息体系（包括指标体系和信息处理系统等），才能有效地发挥信息在性能退化评估中的作用。

（5）时效性

叶轮机械系统是一类动态热力系统，其技术状态会随时间发生变化，描述其结构关系和属性的信息也在不断演化。过时的信息，其作用和价值都将大大下降，甚至会给评估过程带来误导。所以，对于叶轮机械系统这类复杂装备系统的性能退化评估，在保证信息客观性的同时，还必须时刻关注信息的时效性。

（6）不完全性

信息的不完全性很好理解，因为无论是从整体还是从某一个层面来看，人们都不可能穷尽对客观事物的认识，而且随着事物的发展，总会有新的信息出现，所以对于具体事物，人们能够掌握的信息永远是不完全的，所谓完全只是相对于当前的需要而言。本书的研究内容之一，就是如何利用不完全的信息实现叶轮机械系统这类复杂装备系统的性能退化评估，并得到尽可能准确的评估结果。

2. 主要内容

信息对于系统评估非常重要，要实现叶轮机械系统这类复杂装备系统的性能退化评估，在信息层面至少需要解决信息获取、信息度量和信息处理三方面的问题。

（1）信息获取

信息获取是进行系统评估的基础，其目的是得到研究对象足够多的有用信息。对于本书研究的叶轮机械系统，可供选择的信息获取方法有很多，常用的有参数记录、数据挖掘、离散事件建模、统计分析等方法。在针对具体问题选择信息获取方法时，需要注意的是该方法必须保证所获取信息的真实性和实时

性，其中，真实性反映信息的客观性特性，而实时性反映信息的时效性特性。

（2）信息度量

在信息获取过程中，为保证获取的信息能够满足评估的需要，必须对信息的量与质做出判断，由此带来信息的度量问题。由于描述实际装备系统结构、能力和复杂程度的信息具有客观和主观的两重性，所以信息度量也要从客观和主观两方面考虑。从客观性出发，通常用信息量来评判信息的获取程度，这是量的统计；从主观性出发，通常以任务不确定性的减少程度作为评判信息优劣的标准，这是质的度量。由于本书研究的叶轮机械系统具有过程复杂性、系统不确定性、强耦合性和本质非线性等特点，其内部关系不能用统一、简单的方式表述，所以其信息度量也没有统一的方法，信息的定量考查必须针对具体问题进行，否则没有意义。

（3）信息处理

系统评估需要系统信息的支持，但是从研究对象中获取的信息通常不能直接应用于评估过程，还需要进行一些加工和处理，具体包括信息分类、属性定义、噪声去除、单位变换、无量纲化等。信息处理对于系统评估非常重要，处理方式选取的得当与否直接影响评估结果。目前，信息处理技术已成为系统科学研究的重点之一，并形成了一套完整的理论和方法。

5.3　监测参数选择及预处理

鉴于目前大部分参数选择方法是基于稳态工况下，其对象主要是线性化模型，存在精确度不高、噪声影响大等缺点，因此实际采集得到的测量参数需要进行拓展、挖掘、优化选择和预处理后才能用于评估计算[188-189]。本节综合第 3 章的非线性稳态模型和第 4 章的动态性能退化模型，以低压压气机结垢、低压轴主轴承磨损、燃油喷嘴堵塞这三种典型性能退化模式为例进行性能退化仿真，并实施相应参数的选择及预处理。

在叶轮机械发生性能退化后，对应测量参数的响应特性会发生变化，一

叶轮机械性能退化分析与预测

般会同时出现稳态和瞬态偏差，如图5.1所示。

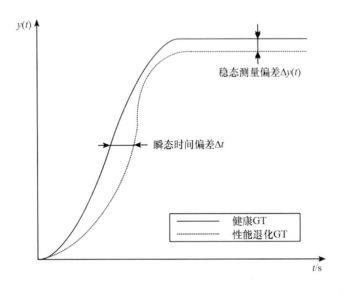

图5.1　叶轮机械性能退化后测量参数的偏差示意图

本书将测量参数的偏差种类拓展为以下三类：

（1）稳态小偏差量 a_{ij}

$$a_{ij} = \frac{\partial y_i}{\partial x_j} \frac{x_j^0}{y_i^0} \delta x_j \tag{5.1}$$

式中：下标 i 和 j 分别表示第 i 个测量参数和第 j 个性能参数；上标0表示健康叶轮机械在某个工况下的基准态。稳态小偏差量可以通过叶轮机械稳态性能退化模型的非线性化过程得到，详见本书第3章。

（2）动态累积小偏差量 b_i

鉴于动态过程可以克服稳态测量中难以精确确定基准态的缺点，可采用式（5.2）或式（5.3）的动态累积小偏差量作为监控量[71]。

连续过程：

$$b_{i,1} = \frac{\int_{t_0}^t \left[y_i(t) - y_i^0(t) \right] \mathrm{d}t}{\int_{t_0}^t y_i^0(t) \mathrm{d}t} \tag{5.2}$$

离散过程：

$$b_{i,2} = \frac{\sum\limits_{k=0}^{m} \left[y_i(t_k) - y_i^0(t_k) \right]}{\sum\limits_{k=0}^{m} y_i^0(t_k)} \tag{5.3}$$

式中：m 为离散过程的采样频率。

由于实际的叶轮机械监控系统是采取对所有监控点参数进行循环采样，故式（5.2）适合于仿真实验，而式（5.3）更适合于工程实践。

（3）动态平均时滞量 c_i

作为可测参数的动态响应，在控制领域内常采用延迟时间 t_d、上升时间 t_r、调节时间 t_s、峰值时间 t_p 以及超调量 σ 这五个动态性能指标来描述系统的动态响应特征。

文献［72］假设测量参数在叶轮机械发生性能退化时，其动态响应的轨迹和健康状态下一样，未发生改变，而只是延时的情况下，采用延迟时间 t_d、上升时间 t_r、调节时间 t_s 和稳态小偏差量来进行叶轮机械健康评估。

本书作者在研究中发现，由于部件的非线性特性，叶轮机械性能退化后的参数响应曲线不仅具有延时的特性，而且轨迹形状也有所改变，如图 5.1 所示。如果仅仅采用控制领域内常用的时间常数指标作为监控量，在有些测量参数上，某些时间常数的时滞也比较小，而且不同测量参数之间的时间常数还可能存在耦合，不便于工程实践。鉴于这种情况，特别是绝大多数测量参数动态过程中的延时方向具有一致性，提出采用动态平均时滞量作为监控量，具体定义如式（5.4）所示：

$$c_i = \frac{\sum\limits_{k=0}^{n} \left[t(y_{i,k}) - t^0(y_{i,k}) \right]}{n} \tag{5.4}$$

式（5.4）中 n 值越大，采样频率越高。由于达到稳态之后，性能退化后的测量参数和基准态有一定偏差，所以为了保证式（5.4）有意义，在发生较小性能退化时，测量参数的采样范围通常从终值和起始值间差值的 10% 处开始，到终值和起始值之间差值的 90% 处截止；如果发生较大性能退化，可视

叶轮机械性能退化分析与预测

情缩小采样范围。

以某型燃气轮机为例，其控制策略为定燃油流量控制，所以该型燃气轮机在稳态下的性能退化是基于燃油流量为常数，即 $\delta G_{\mathrm{f}} = 0$ 来研究的。

（1）低压压气机结垢时

当低压压气机发生叶片结垢后，假设低压压气机叶片结垢导致低压压气机流量下降 1%、效率降低 0.5%，通过第 4 章的动态性能退化模型计算，可得叶轮机械各截面上的测量参数在稳态和动态下的偏差如图 5.2 所示。

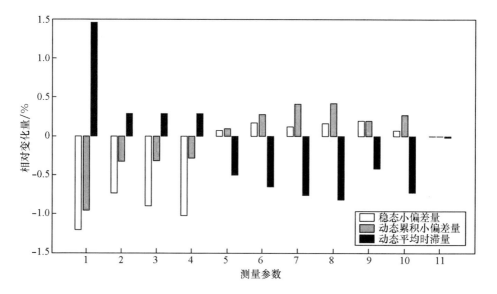

1—低压压气机出口压力 p_2；2—高压压气机出口压力 p_3；3—高压涡轮出口压力 p_5；

4—低压涡轮出口压力 p_6；5—低压压气机出口温度 T_2；6—高压压气机出口温度 T_3；

7—高压剜轮出口温度 T_5；8—低压涡轮出口温度 T_6；9—低压轴转速 n_{L}；

10—高压轴转速 n_{H}；11—燃油流率 G_{f}。

图 5.2　低压压气机结垢时测量参数偏差值

由图 5.2 可知，通过对低压压气机叶片结垢的模拟，叶轮机械各截面上的测量参数在稳态小偏差量、动态累积小偏差量、动态平均时滞量上呈现出丰富的信息。其中，动态累积小偏差量在叶轮机械各截面参数上的变化方向基本和稳态小偏差量一致，但变化量和稳态下偏差量不一致，这一方面表明叶轮机械在动态过程中具有非线性的特性，另一方面可以根据其能克服稳态的缺点，针对某型叶轮机械装置已有的测量参数，优选低压涡轮出口温度 T_6 的动态累积小偏差量作为监控参数。

对于动态平均时滞量这类参数而言，变化量最大的为低压压气机出口压力 p_2，表明该参数在此故障模式下的动态响应较敏感，可作为监控低压压气机结垢的备选参数。另外，在考虑到该型叶轮机械装置现有的监控参数，可以挖掘低压涡轮出口温度 T_6 的动态平均时滞量，拓展健康监控的参数。

（2）低压轴轴承磨损时

设低压轴轴承磨损导致低压压轴机械效率降低1%，经计算可得各测量参数在稳态和动态下的偏差如图5.3所示。

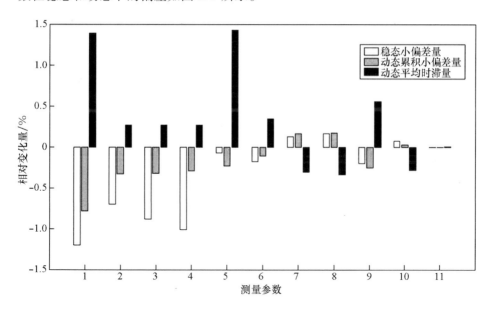

1—低压压气机出口压力 p_2；2—高压压气机出口压力 p_3；3—高压涡轮出口压力 p_5；

4—低压涡轮出口压力 p_6；5—低压压气机出口温度 T_2；6—高压压气机出口温度 T_3；

7—高压剐轮出口温度 T_5；8—低压涡轮出口温度 T_6；9—低压轴转速 n_L；

10—高压轴转速 n_H；11—燃油流率 G_f。

图5.3　低压轴轴承磨损时测量参数偏差值

叶轮机械性能退化分析与预测

由图5.3可知，对低压轴磨损敏感的健康参数有低压压气机出口压力 p_2 的三种参数。另外，尽管低压压气机出口温度 T_2 的稳态小偏差量和动态累积小偏差量都很小，但其动态平均时滞量是敏感的健康参数。

（3）燃油喷嘴堵塞时

设燃油喷嘴堵塞使得燃油喷嘴半径由 1.6 mm 减小到 1.4 mm，并导致燃烧室压力损失的效率降低 0.5%，经计算可得各测量参数在稳态和动态下的偏差如图5.4所示。

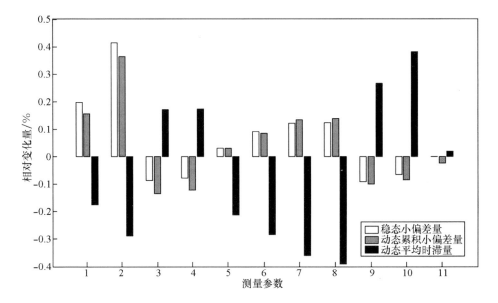

1—低压压气机出口压力 p_2；2—高压压气机出口压力 p_3；3—高压涡轮出口压力 p_5；

4—低压涡轮出口压力 p_6；5—低压压气机出口温度 T_2；6—高压压气机出口温度 T_3；

7—高压涡轮出口温度 T_5；8—低压涡轮出口温度 T_6；9—低压轴转速 n_L；

10—高压轴转速 n_H；11—燃油流率 G_f。

图5.4　燃油喷嘴堵塞时测量参数偏差值

由图5.4可知，高压压气机出口压力 p_3 和低压涡轮出口温度 T_6 的三类参数是燃油喷嘴健康状况的敏感参数。

5.4 粒子群算法优化径向基函数神经网络

5.4.1 径向基函数神经网络

基本的径向基函数（RBF）神经网络是具有单隐层的三层前馈网络[177]，结构如图 5.5 所示。由于它模拟了人脑中局部调整、相互覆盖接受域的神经网络结构，因此 RBF 神经网络相比于 BP 神经网络，具有自适应调整网络结构、学习速度快、网络资源的利用少、逼近性能好等优点[190]。

图 5.5 中隐层输出为 $\boldsymbol{a}^1 = \mathrm{radbas}(\parallel \boldsymbol{IW}^1 - \boldsymbol{P} \parallel \cdot * \boldsymbol{b}^1)$，式中 radbas( ) 是径向基函数，一般采用高斯函数，即 $\boldsymbol{a}^1 = \exp(- \parallel \boldsymbol{IW}^1 - \boldsymbol{P} \parallel \cdot * \boldsymbol{b}^1)$。

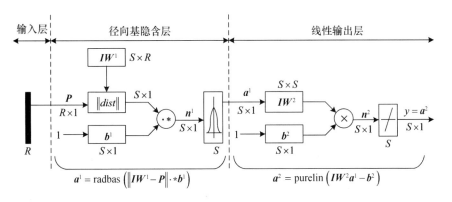

图 5.5 RBF 径向基函数神经网络结构图

图 5.5 中，$\boldsymbol{a}^1$ 为第一层输出，$\boldsymbol{IW}^1$、$\boldsymbol{IW}^2$ 分别为第一层权值矩阵和第二层权值矩阵。S 为每层网络中的神经元数，$\boldsymbol{P}$ 为输入向量，R 为输入维数。

第一层为径向基隐含层，该层权值函数为欧氏距离度量函数（用 $\parallel \mathrm{dist} \parallel$ 表示），计算输入与 $\boldsymbol{IW}^1$ 的距离，$\boldsymbol{b}^1$ 为隐含层阈值；"$\cdot *$" 符号表示 $\parallel \mathrm{dist} \parallel$ 的输出与阈值 $\boldsymbol{b}^1$ 的元素与元素之间的乘积，结果形成净输入 $\boldsymbol{n}^1$，传给传递函数。

隐含层常用的传递函数为高斯函数：

$$R_i(x) = \exp\left[-\| x - c_i \|^2 / (2\sigma_i^2)\right] \tag{5.5}$$

式中：σ_i 为光滑因子，决定第 i 个隐含层位置处基函数的形状，σ_i 越大，基函数越平缓。

第二层为线性输出层，计算出向量 $\boldsymbol{n}^2$，它的每个元素就是向量 $\boldsymbol{a}^1$ 与权值矩阵 $\boldsymbol{IW}^2$ 每行元素的点积再减去隐含层阈值 $\boldsymbol{b}^2$ 的值，将结果 $\boldsymbol{n}^2$ 送入线性传递函数 $\boldsymbol{a}^2 = \text{purelin}(\boldsymbol{n}^2)$，计算网络输出 y。

径向基函数的传输特性如图 5.6 所示。

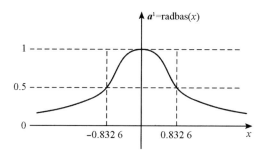

图 5.6　径向基函数的传输特性

由图 5.6 可知，只有在距离为 $x = 0$ 时，径向基输出才为 1；而在距离为 0.832 6 时，输出仅为 0.5。径向基网络只对那些靠近聚类中心的输入向量产生响应。由于隐含层对输入信号的响应只在函数的中央位置产生较大的输出，为局部响应，所以具有很好的局部逼近能力。

在 RBF 神经网络中隐含层和输入层之间的权值（中心及半径）采用无导师聚类算法。聚类算法将 n 维变量组成的每一个样本视为一个 n 维的向量，为 n 维欧氏空间的一个点，对于由 S 个样本构成的样本集，对应于欧氏空间中的 S 个点：$x_i \in R^n$（$i = 1, 2, \cdots, S$）。点与点之间的相似性通常采用欧氏距离作为度量指标，而距离近的点可以聚为一类；假设用 d 表示第 i 个样本与第 j 个样本之间的距离，则：

$$d = \| x_i - x_j \| = \sum_{k=1}^{n}(x_{ki} - x_{kj})^2 \tag{5.6}$$

描述类别的特征，常用的量有聚类中心 c_i 和聚类半径 σ_i，其表达式分别为：

$$c_i = \frac{1}{S_i} \sum_{x \in \Gamma_i} \| x \| \tag{5.7}$$

$$\sigma_i = \frac{1}{S_i} \sum_{x \in \Gamma_i} (x - c_i)^{\mathrm{T}} (x - c_i) \tag{5.8}$$

式中：S_i 为第 i 类样本数；Γ_i 为样本中的第 i 类样本子集。

隐含层和输入层之间的权值（中心及半径）采用无导师聚类方法训练时，最常用的是 k - 均值法。k - 均值法的聚类准则函数为：

$$J_e = \sum_{i=1}^{k} \sum_{x_i \in \Gamma_i} \| x - c_i \|^2 \tag{5.9}$$

式（5.9）就是求 k 个子集中的各类样本 x 与其所属样本均值 c_i 间的误差平方和，再对所有的 k 类求和。不同的样本集分类，将产生不同的样本子集 Γ_i 及其均值 c_i，进而得到不同的 J_e，最佳的聚类是使 J_e 为最小的分类，使所有样本到该聚类域中心距离的平方和最小。k - 均值法算法的步骤如下：

步骤 1：采用某种方法把 S 个样本分成 k 个聚类的初始划分，对每个聚类计算均值 c_1，c_2，$\cdots$，c_k，其中 k 表示聚类的模式数；令 $c_i(0)$ 表示第 i 个初始聚类中心，$i = 1$，2，$\cdots$，k。

步骤 2：选择一个备选样本 x，设其在 Γ_i 中。

步骤 3：若 $S_i = 1$，则返回步骤 2，否则继续。

步骤 4：按式（5.10）计算 e_j：

$$e_j = \begin{cases} \dfrac{S_j}{S_j + 1} \| x - c_j \|^2, & j \neq i \\[2mm] \dfrac{S_j}{S_j - 1} \| x - c_j \|^2, & j = i \end{cases} \tag{5.10}$$

步骤 5：对于所有的 j，若 $e_i \leqslant e_j$，则将 x 从 Γ_i 中移到 Γ_j 中。

步骤 6：重新计算 c_i 和 c_j 的值，并修改 J_e。由迭代算法可得：

$$c_i(t+1) = c_i(t) + \frac{1}{S_i - 1} [c_i(t) - x] \tag{5.11}$$

$$c_j(t+1) = c_j(t) + \frac{1}{S_i+1}\left[x - c_i(t)\right] \tag{5.12}$$

$$J_{ei}(t+1) = J_{ei}(t) - \Delta J_{ei}(t) = J_{ei}(t) - \frac{S_i}{S_i-1}\parallel x - c_i(t)\parallel^2 \tag{5.13}$$

$$J_{ej}(t+1) = J_{ej}(t) + \Delta J_{ej}(t) = J_{ej}(t) + \frac{S_j}{S_j-1}\parallel x - c_j(t)\parallel^2 \tag{5.14}$$

步骤 7：若连续迭代 N 次不变，则停止，否则返回步骤 2。

径向基网络的输出层和隐含层之间的权值采用有导师方法训练。其学习过程包括：确定每一个径向基单元的中心 c_j 和半径 σ_j；调节输出层与隐层之间的权值矩阵 $\boldsymbol{W}$。详细的步骤如下：

步骤 1：确定中心 c_j。采用 k – 均值聚类分析技术确定 c_j，找出有代表性的数据点作为径向基单元中心，减少隐单元数目，降低网络复杂程度。利用 k – 均值算法获得各个聚类中心后，即可将之赋给各神经元作为中心。

步骤 2：确定半径 σ_j。径向基单元接受域的大小由半径 σ_j 决定，选择的原则是使所有隐单元的接受域之和覆盖训练样本空间。常应用 k – 均值聚类法后，每个聚类中心 c_j 可以令其相应的半径 σ_j 为：

$$\sigma_j = \frac{1}{S_j}\sum_{x\in\Gamma_i}(x - c_j)^{\mathrm{T}}(x - c_j) \tag{5.15}$$

步骤 3：调节输出层与隐层之间的权值矩阵 $\boldsymbol{W}$，常用线性最小二乘法或梯度法来调节权矩阵 $\boldsymbol{W}$。

（1）线性最小二乘法。令网络输出为：

$$\boldsymbol{Y} = \boldsymbol{W}\cdot\phi = T \tag{5.16}$$

式中：ϕ 为隐层输出。

则：

$$\boldsymbol{W} = T\phi^{\mathrm{T}}(\phi^{\mathrm{T}}\phi)^{-1} \tag{5.17}$$

（2）梯度法。迭代公式如下：

$$\boldsymbol{W}(t+1) = \boldsymbol{W}(t) + \eta(\boldsymbol{T} - \boldsymbol{Y})\phi^{\mathrm{T}} \tag{5.18}$$

式中：η 为学习速率，$0 < \eta < 1$。

由于输出为线性单元，因而可保证梯度算法收敛于全局最优解。

5.4.2 粒子群算法

粒子群算法（particle swarm optimization，PSO）[191-192] 具有较强的全局收敛能力和鲁棒性，不需要问题的特征信息，例如导数等梯度信息。所以，将粒子群和径向基函数神经网络结合，获得进化径向基函数神经网络，不仅能发挥径向基函数神经网络本身的泛化映射能力，而且能提高收敛速度及学习能力。

粒子群算法[193] 基本思想为：初始每一只鸟均无特定目标飞行，直到有一只鸟先飞到栖息地，每一只鸟都将离开群体而飞向栖息地。在飞行中每一只鸟都遵循三条规则：（1）飞离最近的个体，避免碰撞；（2）飞向目标；（3）飞向群体的中心。

设 $X_i = (x_{i1}, x_{i2}, \cdots, x_{in})$ 为粒子 i 的当前位置；$V_i = (v_{i1}, v_{i2}, \cdots, v_{in})$ 为粒子 i 的当前飞行速度；$P_i = (p_{i1}, p_{i2}, \cdots, p_{in})$ 为粒子 i 所经历的最好位置，也是粒子 i 经历过的最好适应值的位置，即个体最好位置。最小化问题，目标函数值越小，适应值越好。

设 $f(X)$ 为最小化的目标函数，粒子 i 的当前最好位置：

$$P_i(t+1) = \begin{cases} P_i(t), f(x_i(t+1)) \geq f(P_i(t)) \\ X_i(t+1), f(x_i(t+1)) < f(P_i(t)) \end{cases} \tag{5.19}$$

群体中的粒子数为 s，所有粒子经历过的最好位置为 $P_g(t)$，即全局最好位置。则：

$$f(P_g(t)) = \min\{f(P_1(t)), f(P_2(t)), \cdots, f(P_s(t))\} \tag{5.20}$$

基本粒子群算法的进化方程为：

$$v_{ij}(t+1) = v_{ij}(t) + c_1 r_{1j}(t)[p_{ij}(t) - x_{ij}(t)] + c_2 r_{2j}(t)[p_{gj}(t) - x_{ij}(t)] \tag{5.21}$$

$$x_{ij}(t+1) = x_{ij}(t) + v_{ij}(t+1) \tag{5.22}$$

式中：下标 j 表示粒子的第 j 维，i 表示第 i 个粒子，t 表示第 t 代，c_1、c_2 为加速常数，常在 $0 \sim 2$ 取值，$r_1 = \text{rand}(0, 1)$，$r_2 = \text{rand}(0, 1)$ 为两个随机函数，

相互独立。

从粒子进化方程可知，c_1 调节粒子飞向自身最好位置方向，为"自我认识系数"；c_2 调节粒子向全局最好位置飞行，为"社会学习系数"。为了减少粒子离开搜索空间的可能性，v_{ij} 通常限定一定范围，即 $v_{min} \leq v_{ij} \leq v_{max}$。如果问题的搜索空间限定在 $[-x_{max}, x_{max}]$，可设定 $v_{max} = k \cdot x_{max}$，$0.1 \leq k \leq 1$。

式（5.21）右边由三部分组成：第一部分为粒子原先的速度项，是粒子能够飞行的基本保证，即惯性作用；第二、三部分表示对原先速度的修正。其中，第二部分为该粒子自己历史最好位置对当前位置的影响，根据自身经验，向自己曾经找到过的最好点靠近；第三部分为粒子群体历史最好位置对当前位置的影响，根据社会经验，向领域中其他粒子学习，向领域内所有粒子曾经找到过的最好点靠近。对于基本粒子群算法，式（5.21）的第一项用于保证算法具有一定的全局搜索能力。

基本粒子群算法的流程如下：

步骤1：初始化粒子群的随机位置 x_{ij} 和速度 v_{ij}。

步骤2：计算每个粒子的适应值 $f(x_{ij})$。

步骤3：每个粒子，其适应值与所经历过的最好位置 P_i 的适应值进行比较，若较好，则作为当前的最好位置。

步骤4：每个粒子，其适应值与全局所经历的最好位置 P_g 的适应值进行比较，若较好，则作为当前的全局最好位置。

步骤5：根据式（5.21）和式（5.22）对粒子的速度和位置进行进化。

步骤6：如未达到结束条件或最大迭代代数，则返回步骤2。

如果将进化方程中式（5.22）看作一个变异算子，则粒子群算法与进化规划有相似之处。粒子群算法所不同之处在于：在每一代，每个粒子只朝一些根据群体认为是好的经验的方向飞行，可通过一个随机函数变异到任何方向，即粒子群算法执行一种有"意识"的变异。

综上，粒子群算法具有一些其他进化类算法所不具有的特性，它同时将粒子的位置与速度模型化，采用显式的进化方程，这是该算法所具有许多优良特性的关键。

5.4.3　进化径向基函数神经网络设计

径向基函数神经网络需要确定的参数有：隐层节点数、隐层节点的中心值和宽度、隐层到输出层的连接权值等。其中，隐层节点中心值对网络的函数逼近能力影响很大，不恰当的选取会使网络收敛变慢，甚至发散。本节利用粒子群算法优化从学习数据中选取隐层节点中心和输入（输出）层的权值，并最终找到全局最优值，具体计算流程如图 5.7 所示，其计算步骤如下：

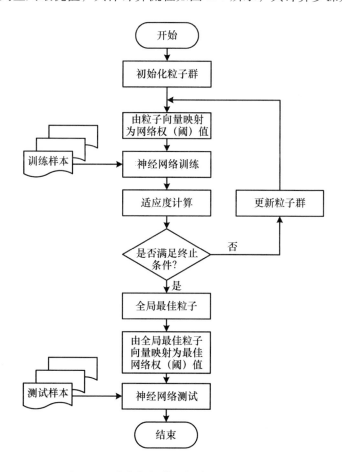

图 5.7　进化径向基函数神经网络流程图

步骤1：粒子群向量编码。首先要将问题域表示成粒子个体。网络初始权重是在一定的范围（如［-2，2］）内随机选择。针对特定的径向基函数神经网络结构，列出所有的神经元，对所有神经元中各权重和阈值级按顺序串联在一起，采用实数编码，转换成粒子群空间中的个体。

步骤2：初始化粒子群。根据粒子群的规模，按照粒子群向量编码的个体结构随机产生一定数量的个体，其中不同的粒子代表径向基函数神经网络的一组不同权值。

步骤3：定义适应度函数。适应度函数可以由神经网络训练样本所得到的实际输出和期望输出之间的误差平方和构造。适应度越小，实际输出和期望输出的误差越小。

步骤4：神经网络权值的优化。将粒子群中的每一个个体的向量编码映射为径向基函数神经网络的权值和阈值，从而重塑一个径向基函数神经网络。对于每一粒子对应的神经网络，输入训练样本进行网络训练，并得到每个个体的适应度。

步骤5：神经网络进化。由适应度判断是否需要更新粒子自身的最佳值和全局最佳值，并转入步骤4进行循环训练。当网络满足预定的条件或达到最大迭代数时终止训练。将训练过程中得到的全局最小适应度对应的个体作为最佳个体保存并输出。

步骤6：神经网络的测试。将训练得到的全局最佳个体映射为最佳径向基函数神经网络的网络权值的初值，并对测试样本进行测试。

5.5　性能退化评估案例

叶轮机械性能退化与性能参数、测量参数之间的信息传输如图5.8所示。

由图5.8可知，叶轮机械部件的气路性能退化（病灶）导致部件性能（健康因子）的下降，进而导致测量参数变化（征兆异常）。这是叶轮机械性能退化过程中存在的因果特性，作为叶轮机械的使用、管理、维护人员，可

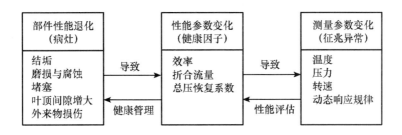

图 5.8　叶轮机械性能退化信息传递

以利用测量参数中存在的异常征兆，逆向进行性能评估和健康管理。

　　压气机结垢是叶轮机械最常见的性能退化模式之一，且属于可恢复性的性能退化模式，可以通过清洗的方式来去除叶轮机械的压气机通流部分的污垢，进而恢复压气机性能，清洗方法包括人工清洗重要部位、干洗和水洗。在这三种清洗方式中，虽然人工清洗效果最好，但由于操作繁杂，不仅需要打开压气机机匣，还对清洗人员的清洗要求很高，故不常采用。对于干洗，由于干洗的物质（如碾碎的核桃壳）常堵塞叶轮机械的引气管路和涡轮叶片的冷却孔，并且还会划伤压气机和涡轮叶片，故很少采用。相对前两种清洗方式而言，水洗是最常用的方法。目前对于叶轮机械的水洗，一般是根据叶轮机械运行小时数来定时进行水洗，但这种做法在以下三个方面存在不科学性：一是从叶轮机械的使用来看，虽然经常进行水洗能够恢复其压气机性能，但由于水洗将一定的水分带入了叶轮机械通流部分，如果水分渗入轴承和其他精密部件，将造成腐蚀和润滑降低等副作用，这样将得不偿失；二是从经济的角度看，周期性水洗没有基于叶轮机械的运行状态，由于外界环境的变化，叶轮机械的性能退化不可能是周期性，叶轮机械可能在某种因素的副作用下（如大风浪航行），结垢速率大增，性能退化很快，这就需要视情水洗；三是从环境保护的角度来看，频繁和大量地使用水清洗剂将污染环境。

　　基于上述三个方面的因素，这就要求使用和管理者能够详细地分析各种重要的运行环境因素对压气机结垢的影响并进行研判，在适合的时机增加或减少水洗次数。从另一个角度来看，这对使用和管理者的要求是过分苛刻的。为了解决这一难题，可以通过叶轮机械可测参数的异常变化来定量分析和评估压气机性能退化程度，为使用和管理者的视情水洗提供决策参考。

　　某型叶轮机械实际监控参数为六个：高压压气机出口压力 p_3、低压涡轮出口压力 p_6、动力涡轮进口温度 T_6、低压轴转速 n_L、高压轴转速 n_H、动力涡轮转速 n_{PT}。考虑到动力涡轮和燃气发生器没有物理连接，其转速 n_{PT} 对压气机结垢的响应有限，而且动力涡轮转速受负载的影响，故不将其作为监控压气机结垢的参数。压气机结垢的性能评估参数为四个健康因子：低压压气机效率健康因子 $\tilde{\eta}_{LC}$、高压压气机效率健康因子 $\tilde{\eta}_{HC}$、低压压气机折合流量健康因子 $\tilde{G}_{LC}$、高压压气机折合流量健康因子 $\tilde{G}_{HC}$。

　　本节采用第 3 章的稳态性能退化模型获得压气机结垢数据共 50 个样本，将其中 40 个样本作为训练样本，10 个作为测试样本，运用进化径向基函数神经网络对样本进行学习和训练。其中，径向基网络结构的设置为：$5 \times 16 \times 4$；粒子群的设置为：自我认识系数 $c_1 = 1.494\,45$、社会学习系数 $c_2 = 1.494\,45$、总循环次数为 10 次、粒子个数为 10 个。

　　训练过程的适应度如图 5.9 所示，测试结果的相对误差如图 5.10 所示。

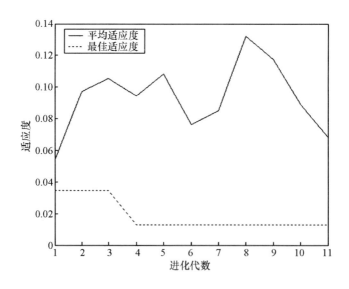

图 5.9　适应度曲线

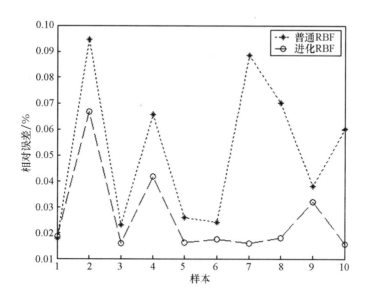

图 5.10　训练值和期望值的相对误差

由图 5.8 可知,平均适应度不是一直变小的趋势,而是一个震荡的过程。研究表明,即使增加一定数量的粒子个数和总循环次数,过程也是震荡的。这表明粒子群算法在整个寻优的过程中,能保持一定的全局寻优能力,避免过早收敛于局部最优。

由图 5.9 可知,普通径向基函数神经网络对所得测试结果中,最大的相对误差为 0.094 682%。进化径向基函数神经网络对所得测试结果中,最大的相对误差为 0.066 760%,而且所有样本除第一个样本外,相对误差均小于普通径向基函数神经网络对所得测试结果。故进化径向基函数神经网络的性能好于普通径向基函数神经网络。

5.6　本章小结

本章完成的主要工作和研究成果如下:

(1) 采用进化径向基函数神经网络,以压气机结垢这一典型性能退化模

叶轮机械性能退化分析与预测

式为例，对叶轮机械的性能退化进行研究，研究成果为压气机结垢评估和视情水洗等叶轮机械健康管理工作提供了依据。

（2）采用粒子群算法优化径向基函数神经网络的权值和阈值，由神经网络训练样本所得到的实际输出和期望输出之间的误差平方和构造适应度函数，对径向基函数神经网络的隐层中心、半径以及输入输出权值进行全局寻优搜索，得到进化径向基函数神经网络。

（3）性能退化评估结果表明，相对于普通径向基函数的最佳适应度和测试样本的误差而言，进化径向基函数神经网络的最佳适应度和测试样本的误差都要小，故其模式识别能力较普通径向基函数神经网络要强；如果增加粒子数和总循环次数，其最佳适应度将更小，但训练时间将更长且进化径向基函数神经网络的平均适应度不呈现一直变小的趋势，而是一个震荡的过程；这表明粒子群算法在整个寻优的过程中，能保持一定的全局寻优能力，避免过早收敛于局部最优。

第6章
叶轮机械性能退化预测

6.1 引 言

　　叶轮机械健康监控和性能退化评估工作的开展和实际应用，首先是从叶轮机械装置的可测参数中采集数据；其次进行数据预处理，获得可测参数的异常变化值；最后对叶轮机械的性能退化模式和程度进行定性分析和定量计算。由此可见，可测参数的种类和数量越多，越有利于叶轮机械的健康管理工作。

　　然而，由于受叶轮机械制造成本约束，生产厂家从经济的角度，除几个需要重点监控的参数以外，不会安装太多的传感器。加上大量的传感器有时会干扰叶轮机械的监控系统，甚至破坏叶轮机械通流部分的形状，所以大部分叶轮机械没有过多安装测量叶轮机械各截面参数的传感器。而且，有些测量部位如燃烧室，由于其工作为恶劣的高温高压环境，依靠目前的技术还不能实现传感器的安装。综合各方面因素，现阶段大部分叶轮机械的可测参数寥寥无几，严重制约了叶轮机械的健康管理。

　　当叶轮机械部件发生性能退化时，其高度非线性的动态过程既蕴含了丰富的信息，也克服了稳态测量中难以精确确定基准态的缺点，其实际工程应用的效果较好，所以这类参数在某种程度上实施采集更为便利，健康监控和性能评估的准确度也就更高。参数预测[29]能及时发现重要参数的异常偏差或参数的变化趋势异常，进而分析产生异常的原因，为预防和消除性能退化，以及视情维修提供依据。

目前，发达国家的航空发动机制造商均研发了叶轮机械性能监控软件，如普惠公司的 ECMII 和 TEAMIII 系统，GE 公司的 ADEPT 和 SAGE 系统，罗罗公司的 COM – PASS 系统等。这些监控系统均具有性能趋势分析功能，但是只能对已知的历史数据进行趋势分析，不能对性能数据的发展趋势进行预测[21]。

传统的预测方法有许多，如回归分析法、修正系数法、相似产品类比论证法等，但这些方法在处理高度非线性的数据时，其预测精度往往不高。本章提出了一种基于中值回归经验模态分解（MREMD）和小波阈值降噪（WTD）的单参数非平稳时间序列预测模型，并在此基础上，基于熵权 – 理想解法和灰关联分析解决了复杂热力参数的耦合相关性计算与数据融合问题，最后以某型发电汽轮机组为例，利用采集到的监测数据对机组的运行状态进行预测与评估。

6.2　单参数非平稳时间序列预测模型

在前人研究的基础上，综合运用 MREMD 和 WTD 的方法，建立单个参数的非平稳时间序列预测模型，其计算流程如图 6.1 所示。

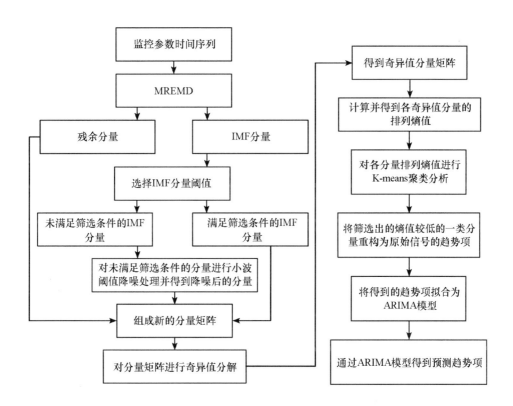

图 6.1　单参数时间序列预测流程图

图 6.1 所示流程的主要计算步骤如下：

步骤 1：利用中值回归经验模态分解将监测到的评估参数运行时间序列分解为若干个 IMF 和残余分量。

步骤 2：对不符合筛选条件的分量进行小波阈值降噪，并将降噪后的分量与原本符合筛选条件的分量重组成新的 IMF 分量。

步骤 3：利用基于奇异值分解（SVD）和优化参数排列熵的K-means聚类算法，对重组后的 IMF 分量进行分类，取熵值较低的一类分量重构为趋势项并采用差分整合自回归移动平均（ARIMA）模型进行预测。

6.2.1 参数的分解与降噪

采用中值回归经验模态分解（MREMD）[194]，实现监测参数的时间序列分解与选取；采用小波阈值降噪，实现不符合筛选条件分量的滤波预处理。

1. 中值回归经验模态分解

中值回归经验模态分解在经验模态分解（EMD）算法的基础上利用自回归（AR）模型通过延长信号将初始信号端点置于两个极值点之间，可有效降低端点效应带来的误差，在信号包络线生成方法上，MREMD算法在将信号极值点取均值后，对均值点进行三次样条插值生成信号均值曲线，避免了传统方法生成的包络线难以完全包围整个信号带来的分解误差，具体步骤和算法如下：

（1）对于长度为 N 的初始时间序列 $x_0(t)$，采用如式（6.1）所示的 s 阶 AR 模型对 $x(t)$ 的左右端点进行预测延拓，即 $x(t)$ 为延拓后的新序列，使左右端点处于延拓后时间序列的相邻两个极值点之间：

$$x_t = \phi_0 + \phi_1 x_{t-1} + \phi_2 x_{t-2} + \cdots + \phi_p x_{t-p} + \mu_t \tag{6.1}$$

式中：ϕ_0，ϕ_1，$\cdots$，ϕ_p 为 $s+1$ 个实数；$\mu_t (t = s+1,\ s+2,\ \cdots,\ N)$ 为零均值的白噪声序列。

（2）计算延拓后新序列中相邻极值点间的均值，得到初始信号 $x_0(t)$ 的均值点序列 $\{x_{1,0}^m,\ x_{2,0}^m,\ \cdots,\ x_{k,0}^m,\}$，其中，$k$ 为均值点个数，极值点个数为 $k+1$ 个，通过 3 次样条插值得到 $x_0(t)$ 的信号均值序列 $m_{1,0}(t)$，使 $x_0(t) - m_{1,0}(t)$ 得到 $x_0(t)$ 的 1 阶信号分量 $h_{1,0}(t)$：

$$h_{1,0}(t) = x_0(t) - m_{1,0}(t) \tag{6.2}$$

（3）将计算得到的信号分量 $h_{1,0}(t)$ 作为原始信号，重复（1）和（2）进行迭代计算，直到经过 l 次迭代后的信号分量 $h_{1,l}(t)$ 满足终止条件，如式（6.3）所示：

$$\begin{cases} \sigma^* \left(= \dfrac{|\sigma_{l-1} - \sigma_l|}{x_\sigma^M} \right) \leqslant 0.2 \\ P\{\vartheta_l | \vartheta_l \leqslant \vartheta_0\} \geqslant 95\% \end{cases} \tag{6.3}$$

式中：σ^* 为归一化标准差；σ_{l-1} 和 σ_l 分别为第 $l-1$ 次迭代后信号分量 $h_{1,l-1}(t)$ 和第 l 次迭代后信号分量 $h_{1,l}(t)$ 的均值点序列标准差；P 为条件概率，x_σ^M 为原始信号 $x_0(t)$ 中极值点绝对值的有义值[195]。

x_σ^M 可由式（6.4）计算得到：

$$P\{|x_z||(|x_z| \leqslant x_\sigma^M), z = 1, 2, \cdots, k+1\} \geqslant 68.5\% \tag{6.4}$$

式中：x_z 为延拓后新序列的第 z 个极值点。

ϑ_0 和 ϑ_l 分别为初始信号和第 l 次迭代后的信号均值点与 x_σ^M 的比值，其计算公式如下：

$$\begin{cases} \vartheta_0 = \left(\dfrac{x_{1,0}^m}{x_\sigma^M}, \dfrac{x_{2,0}^m}{x_\sigma^M}, \cdots, \dfrac{x_{k,0}^m}{x_\sigma^M} \right) \\ \vartheta_l = \left(\dfrac{x_{1,l}^m}{x_\sigma^M}, \dfrac{x_{2,l}^m}{x_\sigma^M}, \cdots, \dfrac{x_{k,l}^m}{x_\sigma^M} \right) \end{cases} \tag{6.5}$$

式中：$x_{1,0}^m$，$x_{2,0}^m$，$\cdots$，$x_{k,0}^m$ 为未进行迭代时初始信号 $x_0(t)$ 的均值点；$x_{1,l}^m$，$x_{2,l}^m$，$\cdots$，$x_{k,l}^m$ 为第 $l-1$ 次迭代后信号分量 $h_{1,l-1}(t)$ 的均值点。

（4）将 $h_{1,l}(t)$ 作为 1 阶本征模态函数（即 IMF_1 分量）输出，$x_0(t) - \mathrm{IMF}_1$ 得到分量 R_1，并将 R_1 作为原始信号重复步骤（1）至步骤（4），直到残余信号成为单调函数或分离不出新的 IMF 分量为止，残余信号提取过程如式（6.6）所示：

$$\begin{cases} R_1 = x_0 - \mathrm{IMF}_1 \\ R_2 = R_1 - \mathrm{IMF}_2 \\ \vdots \\ R_n = R_{n-1} - \mathrm{IMF}_n \end{cases} \tag{6.6}$$

式中：n 为能够分解出的 IMF 分量数；R_n 为各阶残余分量。

经过上述分解后，原始信号 $x_0(t)$ 可表示为所有的 IMF 分量和最终的残余分量 R 之和，如式（6.7）所示：

$$x_0(t) = \sum_{i=1}^n \mathrm{IMF}_i + R \tag{6.7}$$

2. 噪声分量选取

对于分解后得到的各阶 IMF 噪声分量，通常情况下通过直接舍弃最高频

IMF 分量来达到信号降噪的目的，但由于最高频 IMF 分量仍旧存在初始信号的信息，直接舍弃将会导致部分信号信息的丢失，而其余分量之中也存在部分噪声信息，对后续计算结果会产生相应干扰。因此，采用定量方法对各阶IMF 分量进行区分，在降噪的同时可更多地保留原始信号的信息，具体步骤和算法如下：

（1）计算各阶 IMF 分量与原始信号的相关系数 $CORR_i$ 和均方根误差 $RMSE_i$，如式（6.8）所示：

$$
\begin{cases}
CORR_i = \dfrac{\sum\limits_{j=1}^{N}\left[x_0(t) - \overline{x_0(t)}\right](IMF_i - \overline{IMF_i})}{\sqrt{\sum\limits_{j=1}^{N}(x_0(t) - \overline{x_0(t)})^2 \sum\limits_{j=1}^{N}(IMF_i - \overline{IMF_i})^2}} \quad (i = 1, 2, \cdots, n) \\[4mm]
RMSE_i = \sqrt{\dfrac{1}{N}\sum\limits_{j=1}^{N}\left[x_0(t) - \overline{IMF_i}\right]^2}
\end{cases}
$$

$$(6.8)$$

式中：$\overline{x_0(t)}$ 和 $\overline{IMF_i}$ 分别为原始信号 $x_0(t)$ 和各阶 IMF 分量的均值；n 为 IMF 分量个数。其中，相关系数值越大，各分量与原始信号的相关度越高；均方根误差值越小，与原始信号的密切程度越高。

（2）计算 IMF 分量相关系数筛选阈值和均方差筛选阈值，如式（6.9）所示：

$$
\lambda_{IMF} = \frac{1}{n-1}\sum_{j=1}^{n-1}CORR_i, \quad \delta_{IMF} = \frac{1}{n-1}\sum_{j=1}^{n-1}RMSE_i \qquad (6.9)
$$

式中：λ_{IMF} 和 δ_{IMF} 分别为 IMF 分量的相关系数筛选阈值和均方差筛选阈值。

（3）选取满足式（6.10）所示条件的 IMF 分量，进行小波阈值降噪：

$$
\begin{cases}
CORR_i \leqslant \lambda \\
RMSE_i \geqslant \delta
\end{cases}
\qquad (6.10)
$$

3. 小波阈值降噪

小波阈值降噪（WTD）是利用小波变换将原始信号分解成多层次的近似系数和细节系数，由于经过小波变换后的噪声信息主要集中在绝对值较小的细节系数中，所以可通过将绝对值小于规定阈值的细节系数设置为零，并将剩余小波系数（即分解得到的近似系数和保留的细节系数）通过小波逆变换重构回原始信号，以达到去除噪声的目的，具体步骤和算法如下：

（1）阈值选取

传统的阈值选取方法有固定阈值法、自适应阈值法、启发式阈值法和极大极小阈值法等[196-197]。本书采用改进的复合阈值函数，通过细节系数对每一层的噪声进行估计，同时利用系数 $\ln(j+1)$ 逐层降低细节系数的阈值，从而尽可能多地保留蕴含在高频分量中的真实信号，其阈值选取准则如式（6.11）所示：

$$\lambda_j = \frac{2.1\,\mathrm{median}(|d_{(j)}|)\,\sqrt{\ln N}}{\ln(j+1)} \qquad (6.11)$$

式中：λ_j 为第 j 层小波细节系数的噪声阈值；$d_{(j)}$ 为第 j 层小波细节系数；median( ) 为中间值函数，即将每层系数按照降序排列后，取其中间数的值（当系数个数为奇数时）或中间两个数的均值（当系数个数为偶数时）。

（2）阈值处理

常用小波阈值处理函数有硬阈值函数、软阈值函数和复合阈值函数三类。

硬阈值函数：

$$\hat{d}_{(j)} = \begin{cases} d_{(j)}, & |d_{(j)}| \geqslant \lambda_j \\ 0, & |d_{(j)}| < \lambda_j \end{cases} \qquad (6.12)$$

软阈值函数：

$$\hat{d}_{(j)} = \begin{cases} [|d_{(j)}| - \lambda_i]\mathrm{sign}[d_{(j)}], & |d_{(j)}| \geqslant \lambda_j \\ 0, & |d_{(j)}| < \lambda_j \end{cases} \qquad (6.13)$$

复合阈值函数：

$$\hat{d}_{(j)} = \begin{cases} [|d_{(j)}| - a\lambda_i]\mathrm{sign}[d_{(j)}], & |d_{(j)}| \geqslant \lambda_j \\ 0, & |d_{(j)}| < \lambda_j \end{cases} \qquad (6.14)$$

式中：$\hat{d}_{(j)}$ 为降噪处理后的第 j 层细节系数；sign( ) 为符号函数，当 $a \in [0, 1]$ 时为调节系数，当 $a=0$ 时为硬阈值函数，当 $a=1$ 时为软阈值函数。

6.2.2　趋势项提取与预测

采用基于奇异值分解（SVD）和排列熵的 K-means 聚类算法，实现参数趋势的提取；采用差分整合自回归移动平均（ARIMA）模型，实现时间序列的拟合与预测。

1. 奇异值分解

奇异值分解常用于数据的特征提取和降维，计算流程如下：

（1）将经过小波阈值降噪处理后的噪声分量 $IMF_1 \sim IMF_n$ 和残余分量 R_n 取均值，然后以列向量的形式组成 IMF 分量矩阵 $\boldsymbol{A}_{N \times (n+1)}$ 和协方差矩阵 $\boldsymbol{B}_{(n+1) \times (n+1)}$，如式（6.15）所示：

$$\begin{cases} \boldsymbol{A}_{N \times (n+1)} = (IMF_1 - \overline{IMF_1}, IMF_2 - \overline{IMF_2}, \cdots, IMF_n - \overline{IMF_n}, R_n - \overline{R_n}) \\ \boldsymbol{B}_{(n+1) \times (n+1)} = \boldsymbol{U}_{(n+1) \times (n+1)} \boldsymbol{\Lambda}_{(n+1) \times (n+1)} \boldsymbol{U}_{(n+1) \times (n+1)}^{\mathrm{T}} \end{cases}$$

$$(6.15)$$

式中：$\boldsymbol{\Lambda} = \mathrm{diag}(\sqrt{\lambda_1}, \sqrt{\lambda_2}, \cdots, \sqrt{\lambda_{n+1}})$ 为 $\boldsymbol{B}$ 的奇异值组成的对角阵；$\overline{IMF_i}$ $(i=1, 2, \cdots, n)$ 为信号 IMF_i 的均值；其中 λ_1，λ_2，$\cdots$，λ_{n+1} 为按照降序排列的矩阵 $\boldsymbol{B}$ 对应的特征值；$\boldsymbol{U}$ 为 $\boldsymbol{B}$ 的特征值对应的特征向量组成的矩阵。

（2）将矩阵 $\boldsymbol{U}$ 和 IMF 分量矩阵 $\boldsymbol{A}_{N \times (n+1)}$ 中零特征值所对应的向量去掉，重构后的 K 个奇异值分量如式（6.16）所示：

$$\boldsymbol{I}_{N \times K} = \boldsymbol{A}_{N \times K} \boldsymbol{U}_{K \times K} = (P_1, P_2, \cdots, P_K) \tag{6.16}$$

式中：P_i 为第 i 个奇异值分量。

2. 排列熵计算

排列熵算法在相空间重构时常受到延迟时间和嵌入维数的影响，利用互信息法和伪近邻法确定最佳延迟时间和最佳嵌入维数得到的计算模型具有更好的信号异常检测和特征提取效果。假设某个时间序列 $\{x_i, i=1, 2, \cdots, N\}$ 的长度为 N，对其进行相空间重构如式（6.17）所示：

$$I_{m \times k} = \begin{bmatrix} x_1 & x_{1+\tau} & \cdots & x_{1+(m-1)\tau} \\ x_2 & x_{2+\tau} & \cdots & x_{2+(m-1)\tau} \\ \vdots & \vdots & & \vdots \\ x_k & x_{k+\tau} & \cdots & x_{k+(m-1)\tau} \end{bmatrix} \tag{6.17}$$

式中：$k = N - (m-1)\tau$ 为重构后的序列个数；τ 为延迟时间；m 为嵌入维数。

将各分量按升序重新排列，得到各分量在原重构矩阵中的索引向量，各索引向量中元素的排列方式共有 $m!$ 种可能，计算各种排序方式的出现频率，如式（6.18）所示：

$$v_i = u_i / (m!), \ i \in (1, K) \tag{6.18}$$

式中：u_i 为第 i 种排序方式的出现次数；v_i 为第 i 种排序方式的出现频率。

可得奇异值分量的排列熵如式（6.19）所示：

$$PE_i = -\sum_{i=1}^{m!} v_i \log_2 v_i \tag{6.19}$$

式中：PE_i 为所求的排列熵熵值。

3. 互信息值计算

令特征序列 $\{x_i, \ i = 1, 2, \cdots, k\}$ 为 $X(t)$，取延迟序列 $\{x_j, \ j = 1+\tau, 2+\tau, \cdots, k+\tau\}$ 为 $Y(t)$，其中 $j = i + \tau$；然后，利用经验公式 $d = 1.87(N-1)^{0.4}$ 在坐标轴上等概率划分网格，其中 d 为网格数。在此基础上，计算两序列 $X(t)$ 与 $Y(t)$ 之间的互信息值，取 $I(\tau)$ 中第一个极小值点对应的 τ 作为最佳延迟时间 τ_{opt}，则互信息值如式（6.20）所示：

$$I(X, Y) = -\sum_i \sum_j P_{xy}(x_i, y_j) \log \left[\frac{P_{xy}(x_i, y_j)}{P_x(x_i) P_y(y_j)} \right] = I(\tau) \tag{6.20}$$

式中：$P_x(x_i)$ 和 $P_y(y_j)$ 分别为 $X(t)$ 和 $Y(t)$ 中的点单独在每个网格中的概率；$P_{xy}(x_i, y_j)$ 为两序列的点在同一网格中的概率。

4. 判断伪近邻点

由于在低维空间重构成高维空间的过程中，常常会出现伪近邻点，利用伪近邻法可有效避免伪近邻点的产生。对式（6.17）中任意一行序列计算得到各点的最近邻点序列 $\{x_i^N, \ x_{i+\tau}^N, \cdots, x_{i+(m-1)\tau}^N, \ i = 1, 2, \cdots, k\}$，当嵌入

叶轮机械性能退化分析与预测

维数为 m 时两个序列之间的距离 $d_m(i)$ 为：

$$d_m(i) = \sqrt{\sum_{k=0}^{m-1} \left(x_{i+k\tau} - x_{i+k\tau}^N \right)^2} \tag{6.21}$$

由此可引入确定伪近邻点的判据如式（6.22）所示：

$$\begin{cases} \dfrac{\left[d_{m+1}^2(i) - d_m^2(i) \right]^{\frac{1}{2}}}{d_m(i)} > A_{th} \\[4mm] \dfrac{\left[d_{m+1}^2(i) - d_m^2(i) \right]^{\frac{1}{2}}}{\sqrt{\dfrac{1}{N} \sum_{n=1}^{N} \left(P_j(n) - \overline{P_j} \right)}} > B_{th} \end{cases} \tag{6.22}$$

式中：P_j 为第 j 个奇异值分量；A_{th} 和 B_{th} 为判定阈值，根据经验分别取 20 和 3。

5. K-means 聚类分析

针对由排列熵算法得到的各奇异值分量的熵值，采用 K-means 聚类分析算法，将各分量根据熵值大小分为两类，选取熵值较小的一类分量进行重构，即可得到初始信号时间序列的运行趋势，其计算流程如下：

（1）对奇异值分量的排列熵值进行聚类，选取熵值较低的分量重构原始信号的趋势项。首先，任意选取其中 1 个点 ρ_1 作为 1 个类别中心，并选择与 ρ_1 距离最远的 ρ_2 点作为另一个类别中心，计算熵值序列中其余对象点 x 与 ρ_1 和 ρ_2 的距离，如式（6.23）所示：

$$d(\rho, x) = \sqrt{(x - \rho)^2} \tag{6.23}$$

（2）把其余各点划分到与两个类别中心距离近的一类，将两类点的均值作为新的类别中心进行分类，重复上述步骤，直到两个类别中心不再发生变化为止。

（3）将两类熵值点中平均熵值较低一类所对应的奇异值分量筛选出来，重构为原始信号的趋势项如式（6.24）所示：

$$T_{N \times 1} = \sum \left(\boldsymbol{E}_{N \times K} + \boldsymbol{S}_{N \times K} \boldsymbol{Q}_{K \times K}^{\mathrm{T}} \right) \tag{6.24}$$

式中：$\boldsymbol{E}_{N \times K}$ 为通过聚类分析选取的熵值点对应的 IMF 分量取均值扩展后的矩

阵，未选取分量对应的均值用零向量替换；$S_{N×K}$ 为筛选出的奇异值分量矩阵，未选取的分量用零向量替换；$Q_{K×K}^{\mathrm{T}}$ 为将 $U_{N×K}^{\mathrm{T}}$ 中未选取分量所对应的特征向量用零向量替换后的矩阵。

6. 趋势预测

采用 ARIMA 模型进行时间序列拟合和预测，具体步骤和算法如下：

（1）对式（3.10）计算得到的趋势项 $T_{N×1}$ 进行平稳性检验[198]，然后对检验结果为非平稳的时间序列作差分平稳化处理，如式（6.25）所示：

$$\hat{T}_{N×1} = L^D \big[\operatorname{diff}^f (T_{N×1}) \big] \tag{6.25}$$

式中：$\hat{T}_{N×1}$ 为差分平稳化处理后的趋势项；L 为延迟算子；D 为延迟阶数；diff^f 为 f 次差分。

（2）对经平稳化处理后的趋势项 $\hat{T}_{N×1}$ 进行 AIC 准则定阶[199]，如式（6.26）所示：

$$\mathrm{AIC}(s,q) = \ln(\hat{\sigma}_a^2) + \frac{2r}{N} \tag{6.26}$$

式中：$\hat{\sigma}$ 为模型残差标准差的极大似然估计；r 为模型的独立参数个数。

（3）经过 AIC 检验得到模型的自回归系数多项式阶数 s 和移动平均系数多项式阶数 q，并拟合 ARIMA（s，d，q）模型如式（6.27）所示：

$$y_t = c + a_1 y_{t-1} + \cdots + a_s y_{t-s} + \varepsilon_t - b_1 \varepsilon_{t-1} - \cdots - b_q \varepsilon_{t-q} \tag{6.27}$$

式中：d 为非平稳序列变为平稳序列的差分次数；a_1，$\cdots$，a_s 为 AR 模型系数；b_1，$\cdots$，b_q 为 MA 模型系数；ε_t，$\cdots$，ε_{t-q} 为白噪声序列；c 为常数；y_{t-s}，$\cdots$，y_t 为 $\hat{T}_{N×1}$ 中的元素。

（4）对残差序列进行 Ljung-Box（LB）统计量检验，如式（6.28）所示：

$$R_{\mathrm{LB}} = N(N+2) \sum_{i=1}^{k} \left(\frac{\hat{\varepsilon}_i}{N-i} \right) \sim \chi^2(k), \forall k > 0 \tag{6.28}$$

式中：$N \in [1, k]$ 且为整数；R_{LB} 为残差序列的 Ljung-Box 统计量值；$\hat{\varepsilon}_i$ 为模型残差的估计值；k 为残差个数；χ^2 为卡方分布。

6.3　多参数的耦合相关性与数据融合

在单参数非平稳时间序列预测的基础上，开展多参数耦合相关性计算，并建立相关参数的数据融合模型，其计算流程如图 6.2 所示。

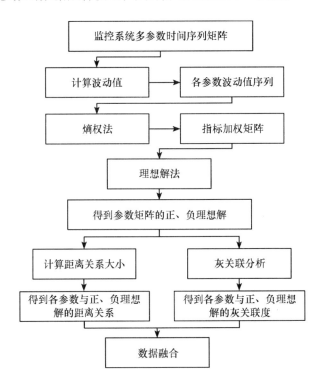

图 6.2　多参数相关性计算与融合流程图

6.3.1　多参数的耦合相关性计算

首先，将各参数的运行时间序列转化为在相同时间轴上的波动值序列；其次，采用理想解（TOPSIS）法，将各参数运行波动值序列组成一个指标加权矩阵，分别选取各参数在相同时间点上正向波动值和负向波动值最大的点分别作为正理想解和负理想解；最后，通过计算各参数的运行波动值序列与正、负理想解的距离关系，采用灰关联法计算各参数波动值与正、负理想解的灰关联度。

1. 熵权法确定指标权重

根据各波动值序列组成的指标加权矩阵中各参数的波动值向量所含信息熵的大小，采用熵权法确定各参数向量在参数矩阵中的权重，具体步骤和算法如下：

（1）将经过第 3.2 节分解降噪后的各参数的 IMF 分量及残余分量叠加重构为新的参数运行数据，然后对各参数进行归一化处理后组成参数矩阵 $C_{N \times (n+1)}$，如式（6.29）所示：

$$C_{N \times (n+1)} = \begin{bmatrix} c_{11} & \cdots & c_{1(n+1)} \\ \vdots & & \vdots \\ c_{N1} & \cdots & c_{N(n+1)} \end{bmatrix} \tag{6.29}$$

式中：n 为参数个数。

（2）计算 $C_{N \times (n+1)}$ 中各点在本参数历史数据中的重要度，如式（6.30）所示：

$$a_{ij} = \frac{c_{ij}}{\sum\limits_{i=1}^{N} c_{ij}} \tag{6.30}$$

式中：a_{ij} 为第 j 个参数中第 i 个点在本参数中的重要度，其中 $i = 1, 2, \cdots, N$，$j = 1, 2, \cdots, n+1$。

在此基础上，计算各指标的信息熵值，如式（6.31）所示：

$$b_j = -\frac{\sum\limits_{i=1}^{m} a_{ij} \ln a_{ij}}{\ln N} \tag{6.31}$$

式中：b_j 为第 j 个参数的信息熵值。

（3）计算各参数在所有参数中的熵权值，如式（6.32）所示：

$$w_j = \frac{1 - b_j}{\sum\limits_{j=1}^{n+1}(1 - b_j)} \tag{6.32}$$

式中：w_j 为第 j 个参数在所有参数中的熵权值。

将各参数的权值组成权值向量 $\boldsymbol{W}_{(n+1)\times 1}$，如式（6.33）所示：

$$\boldsymbol{W}_{(n+1)\times 1} = (w_1, w_2, \cdots, w_{n+1})^{\mathrm{T}} \tag{6.33}$$

（4）将参数矩阵 $\boldsymbol{C}_{N\times(n+1)}$ 中各元素与其对应权值相乘，得到加权后的参数矩阵 $\boldsymbol{F}_{N\times(n+1)}$，如式（6.34）所示：

$$\boldsymbol{F}_{N\times(n+1)} = \begin{bmatrix} c_{11}w_1 & \cdots & c_{1(n+1)}w_{n+1} \\ \vdots & \cdots & \vdots \\ c_{N1}w_1 & \cdots & c_{N(n+1)}w_{n+1} \end{bmatrix} = \begin{bmatrix} f_{11} & \cdots & f_{1(n+1)} \\ \vdots & \cdots & \vdots \\ f_{N1} & \cdots & f_{N(n+1)} \end{bmatrix} \tag{6.34}$$

式中：$\boldsymbol{F}_{N\times(n+1)}$ 为所求的指标加权矩阵。

2. 指标相关性计算

在得到各参数历史运行数据的波动值组成的评估参数加权矩阵后，在指标加权矩阵中选出合适的正、负理想解，然后从指标权重矩阵中各参数与正、负理想解的位置关系角度来计算各指标的相关性大小，具体步骤和算法如下：

（1）选取不同参数在同一时间点的波动值的最大值作为正理想解，将不同参数在同一时间点波动值的最小值作为负理想解，则正、理想解即为波动性最大的参数，其计算公式如式（6.35）所示：

$$\begin{cases} F^+ = (f_1^+, f_2^+, \cdots f_N^+) \\ F^- = (f_1^-, f_2^-, \cdots f_N^-) \end{cases} \tag{6.35}$$

式中：F^+ 为正理想解序列；F^- 为负理想解序列；$f_i^+ = \max\limits_{1 \leqslant j \leqslant n+1}\{f_{ij}\}$，$f_i^- = \min\limits_{1 \leqslant j \leqslant n+1}\{f_{ij}\}$。

（2）计算各参数序列与正、负理想解之间的距离关系。

在传统 TOPSIS 方法中，往往采用欧氏距离来计算指标参数与正、负理想解的距离关系，指标参数与正理想解的距离越小，与负理想解的距离越大，则说明样本参数的性能评价越优；但在样本参数为各参数的波动值序列时，正、负理想解分别为各参数的正向和负向最大波动值序列，当指标参数与正、负理想解的距离越大时，表明参数的波动性越小，与对象系统的相关性程度越小；当指标参数与正、负理想解的距离越小时，表明参数的波动性越大，与对象系统的相关性程度越大。为了定量计算指标参数与对象系统的相关性大小，采用式（6.36）计算指标参数与正、负理想解的距离关系值：

$$
\begin{cases}
H_j^+ = \beta^{-\sqrt{\sum_{i=1}^{N}(f_{ij}-f_i^+)^2}} \\
H_j^- = \beta^{-\sqrt{\sum_{i=1}^{N}(f_{ij}-f_i^-)^2}}
\end{cases}
\tag{6.36}
$$

式中：H_j^+ 为各参数序列与正理想解之间的距离关系；H_j^- 为各参数序列与负理想解之间的距离关系；$j = 1，2，\cdots，n+1$；$\beta \in (1，e]$ 为调节各指标参数权重差距的缩放因子，当 β 增大时，各参数的相关性权值差异增大，反之差异减小。

3. 灰关联分析

将各参数的历史运行数据作为样本序列，将正、负理想解作为特征序列，采用新型 B 型关联度法计算样本序列与特征序列之间的灰关联度。由于样本序列与正、负理想解的灰关联度计算方法相同，本节仅以正理想解为例，具体步骤和算法如下：

（1）计算样本序列与正理想解之间的总体位移差 r_j^+，如式（6.37）所示：

$$
r_j^+ = \sum_{i=1}^{N} |f_{ij} - f_i^+|
\tag{6.37}
$$

式中：$f_i^+ = \max\limits_{1 \leq j \leq n+1} \{f_{ij}\}$。

（2）计算样本序列和正理想解的一阶斜率差，如式(6.38)～式(6.40)所示。

样本序列的一阶斜率差 $f'_{(i-1)j}$：

$$
f'_{(i-1)j} = f_{(i+1)j} - f_{ij}
\tag{6.38}
$$

正理想解的一阶斜率差 $(f_{i-1}^+)'$：

$$
(f_{i-1}^+)' = f_{i+1}^+ - f_i^+
\tag{6.39}
$$

一阶总体斜率差 $(r_j^+)'$：

$$(r_j^+)' = \sum \left[f'_{(i-1)j} - (f_{i-1}^+)' \right] \tag{6.40}$$

式中：$i = 2, 3, \cdots, N$；$j = 1, 2, \cdots, n+1$。

（3）计算样本序列与正理想解的二阶斜率差，如式（6.41）~式（6.43）所示。

样本序列的二阶斜率差 $f''_{(i-2)j}$：

$$f''_{(i-2)j} = \frac{f_{(i+1)j} - f_{(i-1)j}}{2} \tag{6.41}$$

正理想解的二阶斜率差 $(f_{(i-2)}^+)''$：

$$(f_{(i-2)}^+)'' = \frac{f_{i+1}^+ - f_{(i-1)}^+}{2} \tag{6.42}$$

二阶总体斜率差 $(r_j^+)''$：

$$(r_j^+)'' = \sum \left(f''_{ij} - (f_i^+)'' \right) \tag{6.43}$$

式中：$i = 3, 4, \cdots, N$；$j = 1, 2, \cdots, n+1$。

（4）计算样本序列与特征序列的变化速率差 $\overline{d_j}$，如式（6.44）所示：

$$\overline{d_j} = \sum_{i=1}^{N} \left(\frac{f_{ij}}{\overline{f_j}} - \frac{f_i^+}{\overline{f^+}} \right) \tag{6.44}$$

式中：$\overline{f_j}$ 为第 j 个样本参数的均值；$\overline{f^+}$ 为正理想解的均值。

（5）分别计算样本参数与正理想解斜率和变化速率的相似关联度 α_j 和 β_j，如式（6.45）和式（6.46）所示。

斜率相似关联度 α_j：

$$\alpha_j = \exp\left\{ -\left[\frac{r_j^+}{N \times (n+1)} + \frac{(r_j^+)'}{(N-1) \times (n+1)} + \frac{(r_j^+)''}{(N-2) \times (n+1)} \right] \right\} \tag{6.45}$$

变化速率相似关联度 β_j：

$$\beta_j = \exp\left\{ -\frac{\overline{r_j}}{N \times (n+1)} \right\} \tag{6.46}$$

（6）计算各参数相对于正理想解的综合关联度 G_j^+，如式（6.47）所示：

$$G_j^+ = \omega \cdot \alpha_j + (1 - \omega)\beta_j \tag{6.47}$$

式中：$j = 1, 2, \cdots, n$；$\omega \in (0, 1)$ 为调节系数。

样本参数和负理想解的灰关联度计算方法与正理想解相同，在此不再赘述。

6.3.2 多参数的数据融合

首先，将第 6.3.1 节中计算得到的距离关系值与灰关联度合并为各参数与系统综合运行状态的相关性权值；其次，针对各个参数运行波动值时间序列，基于其在实际运行过程中的不同波动状况确定波动的上下限，根据波动值与参数上限和下限之间距离的线性关系确定相应的评价分值；最后，将各参数的评价分值与相关性权值结合，融合为系统的综合状态评价分值。

通过指标相关性计算[式(6.35)和式(6.36)]，可以由指标加权矩阵中各参数与正、负理想解的位置关系分别计算得到距离关系值 H_j^+ 和 H_j^-；通过灰关联分析[式(6.37)~式(6.47)]，可以由指标加权矩阵中各参数与正、负理想解的几何曲线相似程度分别计算得到灰关联度 G_j^+ 和 G_j^-。通过对上述四个参数进行无量纲化处理，可以将其融合为各参数相对于系统综合运行状态的相关性权值，具体步骤和算法如下：

（1）对 H_j^+、H_j^-、G_j^+、G_j^- 进行无量纲化处理，如式(6.48)~式(6.51)所示：

$$h_j^+ = \frac{H_j^+}{\max\limits_{1 \leqslant j \leqslant n+1} (H_j^+)} \tag{6.48}$$

$$h_j^- = \frac{H_j^-}{\max\limits_{1 \leqslant j \leqslant n+1} (H_j^-)} \tag{6.49}$$

$$g_j^+ = \frac{G_j^+}{\max\limits_{1 \leqslant j \leqslant n+1} (G_j^+)} \tag{6.50}$$

$$g_j^- = \frac{G_j^-}{\max\limits_{1 \leqslant j \leqslant n+1} (G_j^-)} \tag{6.51}$$

式中：h_j^+，h_j^-，g_j^+，g_j^- 分别为 H_j^+，H_j^-，G_j^+，G_j^- 经过无量纲化处理后的值。

（2）计算各参数与系统综合运行状态的相关性权值如式（6.52）所示：

$$T_j = \frac{\gamma h_j^- + (1-\gamma) g_j^+}{\gamma (h_j^+ + h_j^-) + (1-\gamma)(g_j^+ + g_j^-)}, \gamma \in [0,1] \qquad (6.52)$$

式中：T_j 为各个参数的相关性权值；$\gamma \in [0,1]$ 为曲线影响因子，γ 的大小决定了曲线位置关系和几何形状关系对权值 T_j 的影响程度，γ 越大则位置关系越重要，γ 越小则曲线形状关系更重要。

（3）在各参数相关性权值的基础上，结合工程设计及实装运行经验，基于各参数实际运行的时间序列对其运行状态进行评价，其评价规则如式（6.53）所示：

$$\text{Score}_j = \begin{cases} 100, & S_{\min} \leqslant S_j < S_{\max} \\ 100 - \delta_{j1} \dfrac{(S_j - S_{\max})}{S_{\max}}, & S_{\max} \leqslant S_j \\ 100 - \delta_{j2} \dfrac{(S_{\min} - S_j)}{S_{\min}}, & S_j < S_{\min} \end{cases} \qquad (6.53)$$

式中：$S_{\max}$ 为参数波动上限；$S_{\min}$ 为参数波动下限；S_j 为第 j 个参数的实际波动值大小，$j=1, 2, \cdots, n+1$；Score_j 为第 j 个参数的运行状态评分；δ_{j1} 和 δ_{j2} 分别为第 j 个参数的高敏感系数和低敏感系数，反映了系统对第 j 个参数波动大小的容忍程度，δ_{j1} 和 δ_{j2} 越大容忍程度越低，即该参数波动对系统运行的影响越大，δ_{j1} 和 δ_{j2} 越小容忍程度越高，即该参数波动对系统运行的影响越小。

（4）在得到各个参数的运行状态评分后，结合第（2）步计算得到的相关性权值融合为系统综合运行状态评分，如式（6.54）所示：

$$\text{Score} = \sum_{j=1}^{n+1} \frac{T_j \cdot \text{Score}_j}{\sum\limits_{j=1}^{n+1} T_j} \qquad (6.54)$$

式中：Score 为系统综合运行状态评分。

6.4　性能退化预测案例

以某型船舶发电汽轮机组为例，选取汽轮机转速、冷凝器真空度、1[#]~3[#]

喷嘴后蒸汽压力、滑油温度、调节级后蒸汽压力、速关阀前蒸汽压力、冷凝器水位、汽封压力等十个与机组运行状态相关的重要监测参数为输入，对该型发电汽轮机组在长期运行后的性能退化趋势进行预测与评价。

6.4.1 单个参数的时间序列分解与降噪

按照本章第 6.2.1 节的步骤和算法，对上述十个参数在一段时间内，由监控系统实际采集得到的数据进行 MREMD 和小波阈值降噪，结果如下。

1. 汽轮机转速

经 MREMD 后得到 7 个 IMF 分量和 1 个残余分量，如图 6.3 所示。

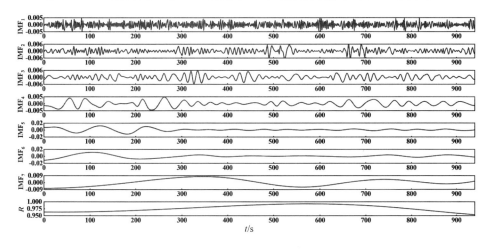

图 6.3　汽轮机转速经分解后得到的 IMF 分量和残余分量

由式(6.8)~式(6.10)计算发电汽轮机转速经分解后的各 IMF 分量与未分解前信号的相关系数、均方根误差以及相关系数筛选阈值和均方根误差筛选阈值。其中，各 IMF 分量与原信号的相关系数及相关系数筛选阈值如图 6.4 所示，各 IMF 分量与初始信号的均方根误差及均方根误差筛选阈值如图 6.5 所示。

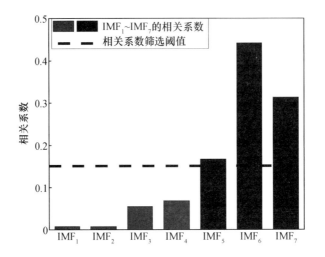

图 6.4　各分量的相关系数阈值筛选图

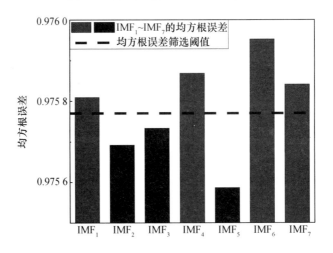

图 6.5　各分量的均方根误差阈值筛选图

由图 6.4 和图 6.5 可知，满足式（6.10）的 IMF 分量有 IMF_1 和 IMF_4，利用小波阈值降噪算法对其进行降噪处理，降噪前后分量的信噪比和均方根误差如表 6.1 所示。

表6.1　汽轮机转速降噪前后各分量的信噪比和均方根误差

参数	IMF$_1$	IMF$_4$
信噪比	26.373 8	98.858 8
均方根误差	0.002 7	$5.944\ 5 \times 10^{-7}$

用经降噪处理的 IMF$_1$ 和 IMF$_4$ 分量替换掉未降噪前的分量后，与其余未降噪的分量累加得到经过降噪处理后的历史运行时间序列。经计算，降噪后的机组转速时间序列相对于降噪前序列的信噪比为 81.437 4，均方根误差为 0.002 5。

2. 冷凝器真空度

经 MREMD 后得到 5 个 IMF 分量和 1 个残余分量，如图6.6 所示。

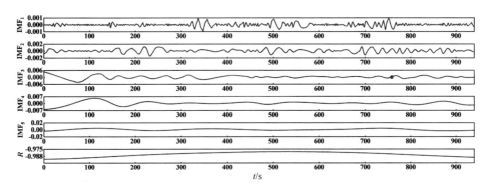

图6.6　冷凝器真空度经分解后得到的 IMF 分量和残余分量

采用相同的方法，计算分解后的各 IMF 分量与未分解前信号的相关系数、均方根误差以及相关系数筛选阈值和均方根误差筛选阈值。其中，各分量与原始信号的相关系数及相关系数筛选阈值如图6.7 所示，各分量与初始信号的均方根误差及均方根误差筛选阈值如图6.8 所示。

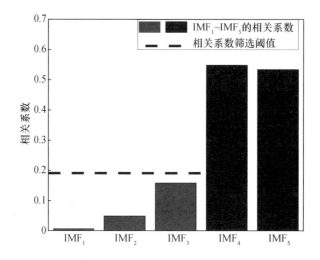

图 6.7　各分量的相关系数阈值筛选图

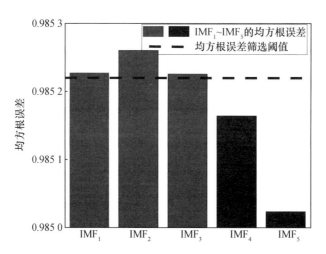

图 6.8　各分量的均方根误差阈值筛选图

由图 6.7 和图 6.8 可知，满足式（6.10）的 IMF 分量有 IMF_1、IMF_2 和 IMF_3，对其进行小波阈值降噪处理，降噪前后分量的信噪比和均方根误差如表 6.2 所示。

表6.2　冷凝器真空度降噪前后各分量的信噪比和均方根误差

参数	IMF$_1$	IMF$_2$	IMF$_3$
信噪比	43.844 4	70.021 2	110.015 6
均方根误差	$4.420\ 7 \times 10^{-5}$	$4.323\ 8 \times 10^{-6}$	$1.227\ 8 \times 10^{-7}$

用经过降噪处理的 IMF$_1$ ~ IMF$_3$ 分量替换掉未降噪前的分量后，与其余未降噪的分量累加得到经过降噪处理后的历史运行时间序列。经计算，降噪后的冷凝器真空度时间序列相对于降噪前序列的信噪比为 102.160 5，均方根误差为 $2.355\ 4 \times 10^{-4}$。

3.1$^\#$喷嘴后蒸汽压力

经 MREMD 后得到 7 个 IMF 分量和 1 个残余分量，如图6.9所示。

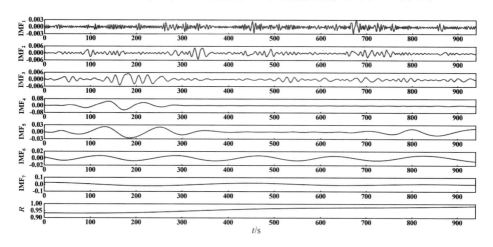

图6.9　1$^\#$喷嘴后蒸汽压力经分解后得到的 IMF 分量和残余分量

采用相同的方法，计算分解后的各 IMF 分量与未分解前信号的相关系数、均方根误差以及相关系数筛选阈值和均方根误差筛选阈值。其中，各分量与原始信号的相关系数及相关系数筛选阈值如图6.10所示，各分量与初始信号的均方根误差及均方根误差筛选阈值如图6.11所示。

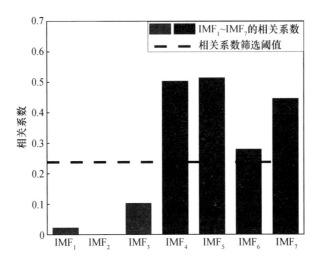

图 6.10　各分量的相关系数阈值筛选图

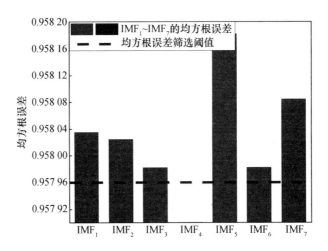

图 6.11　各分量的均方根误差阈值筛选图

由图 6.10 和图 6.11 可知，满足式（6.10）的 IMF 分量有 IMF_1、IMF_2 和 IMF_3，对其进行小波阈值降噪处理，降噪前后分量的信噪比和均方根误差如表 6.3 所示。

表 6.3 1#喷嘴后蒸汽压力降噪前后各分量的信噪比和均方根误差

参数	IMF$_1$	IMF$_2$	IMF$_3$
信噪比	29.866 9	50.621 8	73.969 0
均方根误差	0.000 6	0.000 1	$7.710\ 9 \times 10^{-6}$

用经过降噪处理的 IMF$_1$ ～ IMF$_3$ 分量替换掉未降噪前的分量后，与其余未降噪的分量累加得到经过降噪处理后的历史运行时间序列。经计算，降噪后的 1#喷嘴后蒸汽压力时间序列相对于降噪前序列的信噪比为 87.274 4，均方根误差为 0.001 4。

4.2#喷嘴后蒸汽压力

经 MREMD 后得到 7 个 IMF 分量和 1 个残余分量，如图 6.12 所示。

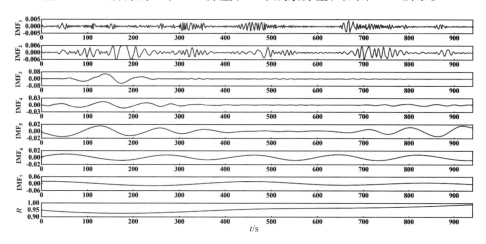

图 6.12 2#喷嘴后蒸汽压力经分解后得到的 IMF 分量和残余分量

采用相同的方法，计算分解后的各 IMF 分量与未分解前信号的相关系数、均方根误差以及相关系数筛选阈值和均方根误差筛选阈值。其中，各分量与原始信号的相关系数及相关系数筛选阈值如图 6.13 所示，各分量与初始信号的均方根误差及均方根误差筛选阈值如图 6.14 所示。

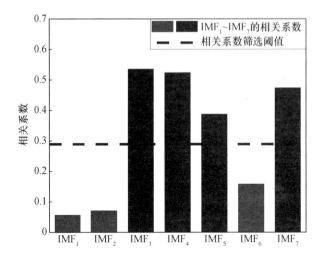

图 6.13　各分量的相关系数阈值筛选图

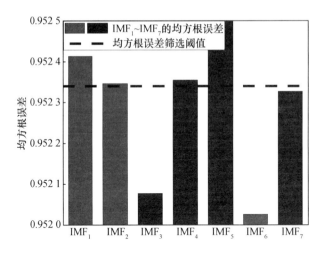

图 6.14　各分量的均方根误差阈值筛选图

由图 6.13 和图 6.14 可知，满足式（6.10）的 IMF 分量有 IMF_1、IMF_2 和 IMF_6，对其进行小波阈值降噪处理，降噪前后分量的信噪比和均方根误差如表 6.4 所示。

表 6.4　2#喷嘴后蒸汽压力降噪前后各分量的信噪比和均方根误差

参数	IMF$_1$	IMF$_2$	IMF$_6$
信噪比	34. 925 2	56. 201 8	257. 708 8
均方根误差	0. 000 5	9. 139 7 × 10^{-5}	2. 281 6 × 10^{-14}

用经过降噪处理的 IMF$_1$、IMF$_2$ 和 IMF$_6$ 分量替换掉未降噪前的分量后，与其余未降噪的分量累加得到经过降噪处理后的历史运行时间序列。经计算，降噪后的 2#喷嘴后蒸汽压力时间序列相对于降噪前序列的信噪比为 87.274 4，均方根误差为 0.001 4。

5. 3#喷嘴后蒸汽压力

经 MREMD 后得到 7 个 IMF 分量和 1 个残余分量，如图 6.15 所示。

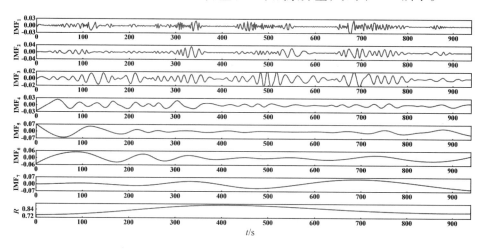

图 6.15　3#喷嘴后蒸汽压力经分解后得到的 IMF 分量和残余分量

采用相同的方法，计算分解后的各 IMF 分量与未分解前信号的相关系数、均方根误差以及相关系数筛选阈值和均方根误差筛选阈值。其中，各分量与原始信号的相关系数及相关系数筛选阈值如图 6.16 所示，各分量与初始信号的均方根误差及均方根误差筛选阈值如图 6.17 所示。

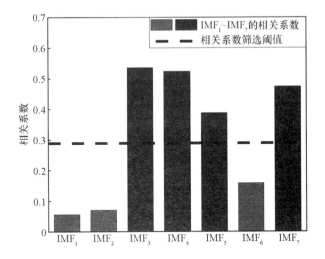

图 6.16 各分量的相关系数阈值筛选图

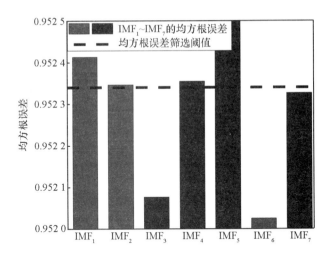

图 6.17 各分量的均方根误差阈值筛选图

由图 6.16 和图 6.17 可知，满足式（6.10）的 IMF 分量有 IMF_1、IMF_2、IMF_3 和 IMF_4，对其进行小波阈值降噪处理，降噪前后分量的信噪比和均方根误差如表 6.5 所示。

表 6.5　3#喷嘴后蒸汽压力降噪前后各分量的信噪比和均方根误差

参数	IMF$_1$	IMF$_2$	IMF$_3$	IMF$_4$
信噪比	41.970 9	58.420 3	72.943 4	103.149 6
均方根误差	0.001 5	0.000 3	$5.128\ 5 \times 10^{-5}$	$1.570\ 5 \times 10^{-6}$

　　用经过降噪处理的 IMF$_1$ ~ IMF$_4$ 分量替换掉未降噪前的分量后,与其余未降噪的分量累加得到经过降噪处理后的历史运行时间序列。经计算,降噪后的 3#喷嘴后蒸汽压力时间序列相对于降噪前序列的信噪比为 79.801 6,均方根误差为 0.002 6。

6. 滑油温度

　　经 MREMD 后得到 5 个 IMF 分量和 1 个残余分量,如图 6.18 所示。

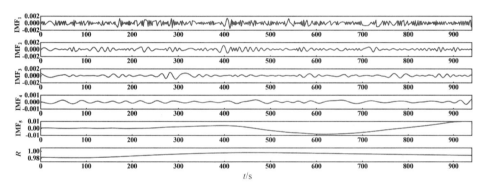

图 6.18　滑油温度经分解后得到的 IMF 分量和残余分量

　　采用相同的方法,计算分解后的各 IMF 分量与未分解前信号的相关系数、均方根误差以及相关系数筛选阈值和均方根误差筛选阈值。其中,各分量与原始信号的相关系数及相关系数筛选阈值如图 6.19 所示,各分量与初始信号的均方根误差及均方根误差筛选阈值如图 6.20 所示。

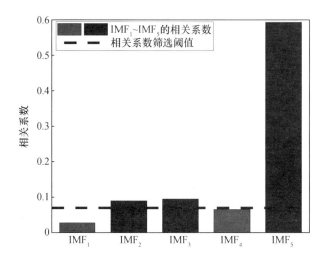

图 6.19 各分量的相关系数阈值筛选图

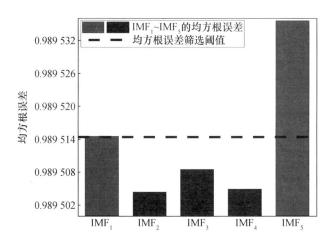

图 6.20 各分量的均方根误差阈值筛选图

由图 6.19 和图 6.20 可知,满足式(6.10)的 IMF 分量只有 IMF_1,对其进行小波阈值降噪处理,降噪前后分量的信噪比和均方根误差如表 6.6 所示。

表6.6　滑油温度降噪前后各分量的信噪比和均方根误差

参数	IMF$_1$
信噪比	34.242 6
均方根误差	0.000 2

用经过降噪处理的 IMF$_1$ 分量替换掉未降噪前的分量后，与其余未降噪的分量累加得到经过降噪处理后的历史运行时间序列。经计算，降噪后的滑油温度时间序列相对于降噪前序列的信噪比为 88.070 3，均方根误差为 0.001 2。

7. 调节级后蒸汽压力

经 MREMD 后得到 6 个 IMF 分量和 1 个残余分量，如图 6.21 所示。

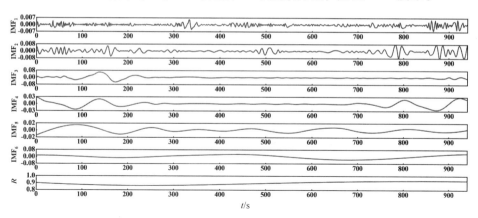

图 6.21　调节级后蒸汽压力经分解后得到的 IMF 分量和残余分量

采用相同的方法，计算分解后的各 IMF 分量与未分解前信号的相关系数、均方根误差以及相关系数筛选阈值和均方根误差筛选阈值。其中，各分量与原始信号的相关系数及相关系数筛选阈值如图 6.22 所示，各分量与初始信号的均方根误差及均方根误差筛选阈值如图 6.23 所示。

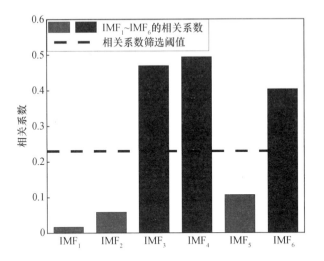

图 6.22　各分量的相关系数阈值筛选图

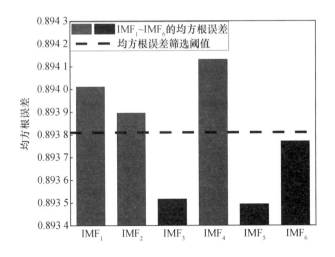

图 6.23　各分量的均方根误差阈值筛选图

由图 6.22 和图 6.23 可知，满足式（6.10）的 IMF 分量有 IMF_1 和 IMF_2，对其进行小波阈值降噪处理，降噪前后分量的信噪比和均方根误差如表 6.7 所示。

表 6.7　调节级后蒸汽压力降噪前后各分量的信噪比和均方根误差

参数	IMF_1	IMF_2
信噪比	37.731 6	63.290 7·
均方根误差	0.000 5	$4.471\ 5 \times 10^{-5}$

用经过降噪处理的 IMF_1 和 IMF_2 分量替换掉未降噪前的分量后，与其余未降噪的分量累加得到经过降噪处理后的历史运行时间序列。经计算，降噪后的调节级后蒸汽压力时间序列相对于降噪前序列的信噪比为 84.504 5，均方根误差为 0.001 6。

8. 速关阀前蒸汽压力

经 MREMD 后得到 7 个 IMF 分量和 1 个残余分量，如图 6.24 所示。

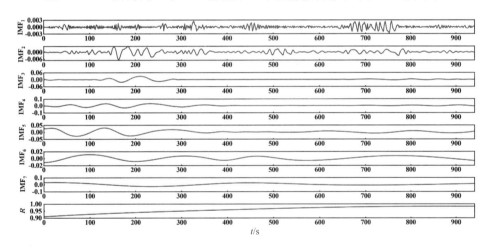

图 6.24　速关阀前蒸汽压力经分解后得到的 IMF 分量和残余分量

采用相同的方法，计算分解后的各 IMF 分量与未分解前信号的相关系数、均方根误差以及相关系数筛选阈值和均方根误差筛选阈值。其中，各分量与原始信号的相关系数及相关系数筛选阈值如图 6.25 所示，各分量与初始信号的均方根误差及均方根误差筛选阈值如图 6.26 所示。

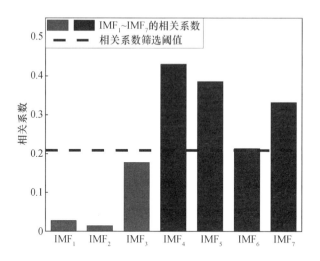

图 6.25　各分量的相关系数阈值筛选图

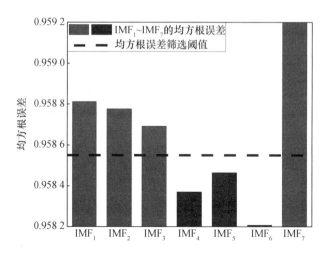

图 6.26　各分量的均方根误差阈值筛选图

由图 6.25 和图 6.26 可知，满足式（6.10）的 IMF 分量有 IMF_1、IMF_2 和 IMF_3，对其进行小波阈值降噪处理，降噪前后分量的信噪比和均方根误差如表 6.8 所示。

表 6.8　速关阀前蒸汽压力降噪前后各分量的信噪比和均方根误差

参数	IMF_1	IMF_2	IMF_3
信噪比	35.370 9	61.869 8	102.114 5
均方根误差	0.000 3	$3.246\ 2 \times 10^{-5}$	$1.503\ 4 \times 10^{-6}$

用经过降噪处理的 $IMF_1 \sim IMF_3$ 分量替换掉未降噪前的分量后，与其余未降噪的分量累加得到经过降噪处理后的历史运行时间序列。经计算，降噪后的速关阀前蒸汽压力时间序列相对于降噪前序列的信噪比为 107.787 6，均方根误差为 1×10^{-8}。

9. 冷凝器水位

经 MREMD 后得到 7 个 IMF 分量和 1 个残余分量，如图 6.27 所示。

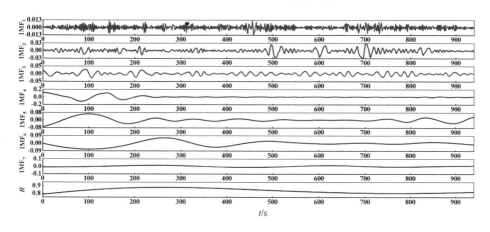

图 6.27　冷凝器水位经分解后得到的 IMF 分量和残余分量

采用相同的方法，计算分解后的各 IMF 分量与未分解前信号的相关系数、均方根误差以及相关系数筛选阈值和均方根误差筛选阈值。其中，各分量与原始信号的相关系数及相关系数筛选阈值如图 6.28 所示，各分量与初始信号的均方根误差及均方根误差筛选阈值如图 6.29 所示。

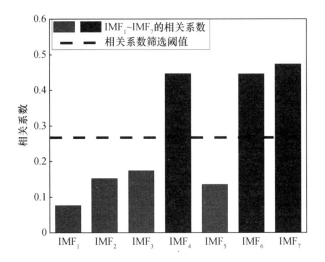

图 6.28　各分量的相关系数阈值筛选图

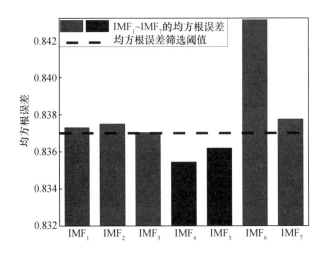

图 6.29　各分量的均方根误差阈值筛选图

由图 6.28 和图 6.29 可知，满足式（6.10）的 IMF 分量有 IMF_1、IMF_2 和 IMF_3，对其进行小波阈值降噪处理，降噪前后分量的信噪比和均方根误差如表 6.9 所示。

表 6.9　冷凝器水位降噪前后各分量的信噪比和均方根误差

参数	IMF_1	IMF_2	IMF_3
信噪比	26.186 4	46.959 8	72.591 8
均方根误差	0.005 2	0.001	$6.475\ 1 \times 10^{-5}$

用经过降噪处理的 $IMF_1 \sim IMF_3$ 分量替换掉未降噪前的分量后，与其余未降噪的分量累加得到经过降噪处理后的历史运行时间序列。经计算，降噪后的冷凝器水位时间序列相对于降噪前序列的信噪比为 71.378 1，均方根误差为 0.006 9。

10. 汽封压力

经 MREMD 后得到 7 个 IMF 分量和 1 个残余分量，如图 6.30 所示。

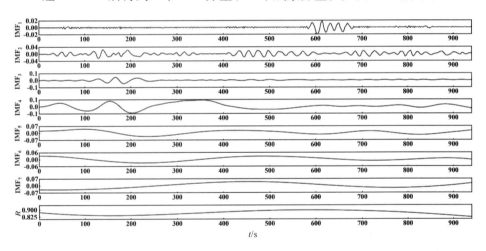

图 6.30　汽封压力经分解后得到的 IMF 分量和残余分量

采用相同的方法，计算分解后的各 IMF 分量与未分解前信号的相关系数、均方根误差以及相关系数筛选阈值和均方根误差筛选阈值。其中，各分量与原始信号的相关系数及相关系数筛选阈值如图 6.31 所示，各分量与初始信号的均方根误差及均方根误差筛选阈值如图 6.32 所示。

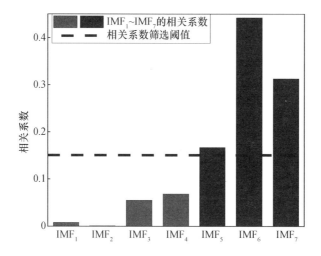

图 6.31　各分量的相关系数阈值筛选图

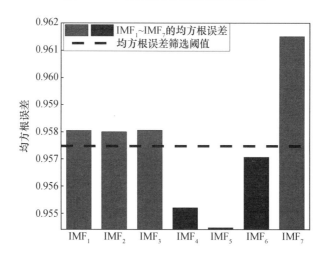

图 6.32　各分量的均方根误差阈值筛选图

由图6.31和图6.32可知，满足式（6.10）的IMF分量有IMF_1、IMF_2和IMF_3，对其进行小波阈值降噪处理，降噪前后分量的信噪比和均方根误差如表6.10所示。

表 6.10　汽封压力降噪前后各分量的信噪比和均方根误差

参数	IMF₁	IMF₂	IMF₃
信噪比	40.575 6	64.288 9	106.433 5
均方根误差	0.000 9	0.000 1	$1.400\ 3 \times 10^{-6}$

用经过降噪处理的 $IMF_1 \sim IMF_3$ 分量替换掉未降噪前的分量后，与其余未降噪的分量累加得到经过降噪处理后的历史运行时间序列。经计算，降噪后的汽封压力时间序列相对于降噪前序列的信噪比为 76.724 3，均方根误差为 0.003 9。

6.4.2　单个时间序列的趋势提取与预测

按照本章第 6.2.2 节的步骤和算法，对经过第 6.2.1 节分解和降噪处理后的参数进行趋势项提取与预测，结果如下。

1. 汽轮机转速

将经过降噪处理的 IMF_1 和 IMF_4 分量与未经过降噪处理的 IMF 分量和残余分量共同组成新的 IMF 分量矩阵，由式（6.15）和式（6.16）对其进行奇异值分解，得到 8 个奇异值分量 $P_1 \sim P_8$，如图 6.33 所示。

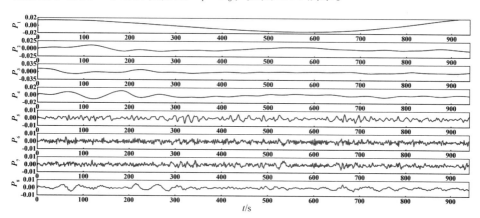

图 6.33　各 IMF 分量经分解后得到的奇异值分量

在相空间重构时，运用互信息法选取最佳延迟时间，在 1～100 s 的延迟时间范围内，各奇异值分量的互信息值 Mi1 ~ Mi8 变化如图 6.34 所示。

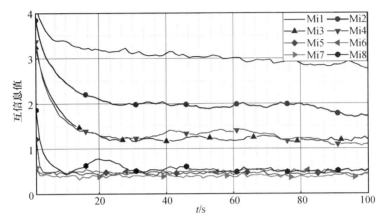

图 6.34　各奇异值分量的互信息值随延迟时间的变化曲线

采用伪近邻法计算最佳嵌入维数，嵌入维数 m 在 1 ~ 10 的维数变化范围内，各奇异值分量的伪近邻率 FNNP1 ~ FNNP8 随嵌入维数 m 的变化如图 6.35 所示。

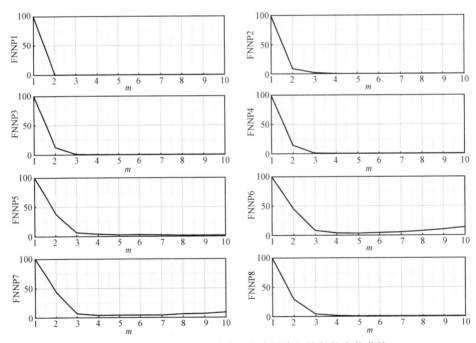

图 6.35　各奇异值分量的伪近邻率随嵌入维数的变化曲线

取图 6.34 中互信息值随时间变化曲线的第一个极值点，为各奇异值分量的最佳延迟时间 τ_{opt}；取图 6.35 中伪近邻率小于 5% 时的嵌入维数，为各奇异值分量的最佳嵌入维数 m_{opt}；然后将其代入式（6.17），并通过式（6.18）和式（6.19）计算得到各奇异值分量的排列熵值 PE，如表 6.11 所示。

表 6.11　汽轮机转速奇异值分量的最优参数及排列熵值

参数	P_1	P_2	P_3	P_4	P_5	P_6	P_7	P_8
τ_{opt}	7	26	23	17	6	3	3	10
m_{opt}	2	3	4	4	4	4	4	3
PE	0.767 8	2.622 7	2.870 0	2.778 0	4.606 4	4.719 8	4.728 0	3.028 0

对各奇异值分量的排列熵值进行 K-means 聚类，选取 P_1、P_3 和 P_8 三个分量进行趋势项重构，结果如图 6.36 所示。

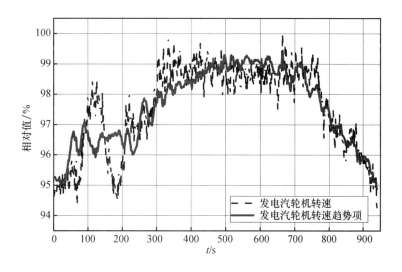

图 6.36　汽轮机转速的原始数据和运行趋势对比

取第 400 s 至第 550 s 的运行趋势作为训练集建立 ARIMA（3，1，1）模型，预测汽轮机转速在未来 60 s 的运行趋势，结果如图 6.37 所示。

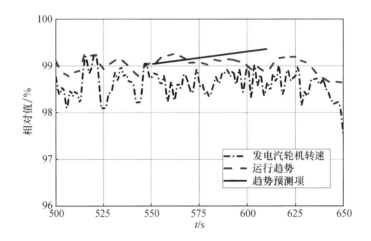

图 6.37　汽轮机转速运行趋势的预测结果

2. 冷凝器真空度

将经过降噪处理的 $IMF_1 \sim IMF_3$ 分量与未经过降噪处理的 IMF 分量和残余分量共同组成新的 IMF 分量矩阵，对其进行奇异值分解，得到 6 个奇异值分量 $P_1 \sim P_6$，如图 6.38 所示。

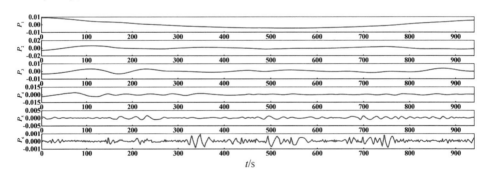

图 6.38　各 IMF 分量经分解后得到的奇异值分量

在相空间重构时，运用互信息法选取最佳延迟时间，在 1 ~ 100 s 的延迟时间范围内，各奇异值分量的互信息值 Mi1 ~ Mi6 变化如图 6.39 所示。

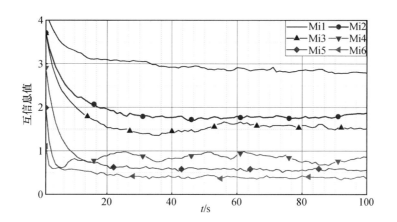

图 6.39　各奇异值分量的互信息值随延迟时间的变化曲线

采用伪近邻法计算最佳嵌入维数，嵌入维数 m 在 $1 \sim 10$ 的维数变化范围内，各奇异值分量的伪近邻率 FNNP1 ~ FNNP6 随嵌入维数 m 的变化如图 6.40 所示。

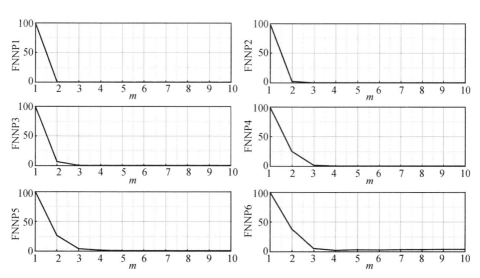

图 6.40　各奇异值分量的伪近邻率随嵌入维数的变化曲线

采用相同的方法，计算各奇异值分量的排列熵值 PE，如表 6.12 所示。

表6.12　冷凝器真空度奇异值分量的最优参数及排列熵值

参数	P_1	P_2	P_3	P_4	P_5	P_6
τ_{opt}	16	11	20	15	6	3
m_{opt}	2	2	3	3	3	3
PE	0.870 6	1.072 5	2.367 6	3.002 0	3.053 4	3.132 6

对各奇异值分量的排列熵值进行 K-means 聚类，选取 P_1 和 P_2 两个分量进行趋势项重构，结果如图 6.41 所示。

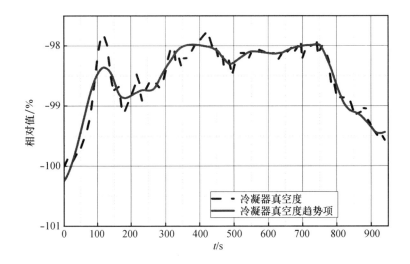

图 6.41　冷凝器真空度的原始数据和运行趋势对比

取第 400 s 至第 550 s 的运行趋势作为训练集建立 ARIMA（1，3，1）模型，预测冷凝器真空度在未来 60 s 的运行趋势，结果如图 6.42 所示。

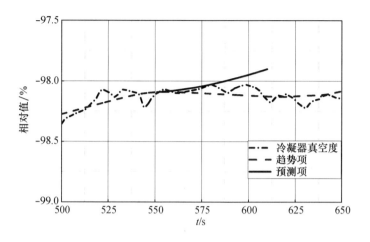

图 6.42　冷凝器真空度运行趋势的预测结果

3. 1#喷嘴后蒸汽压力

将经过降噪处理的 $IMF_1 \sim IMF_3$ 分量与未经过降噪处理的 IMF 分量和残余分量共同组成新的 IMF 分量矩阵，对其进行奇异值分解，得到 8 个奇异值分量 $P_1 \sim P_8$，如图 6.43 所示。

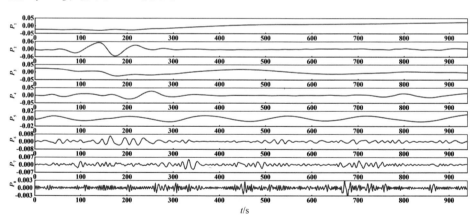

图 6.43　各 IMF 分量经分解后得到的奇异值分量

在相空间重构时，运用互信息法选取最佳延迟时间，在 $1 \sim 100$ s 的延迟时间范围内，各奇异值分量的互信息值 Mi1 ~ Mi8 变化如图 6.44 所示。

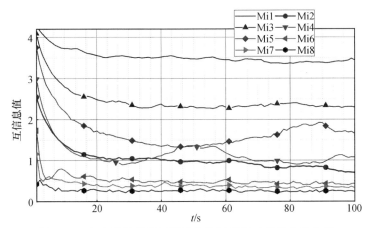

图6.44　各奇异值分量的互信息值随延迟时间的变化曲线

采用伪近邻法计算最佳嵌入维数，嵌入维数 m 在 $1 \sim 10$ 的维数变化范围内，各奇异值分量的伪近邻率 FNNP1 ~ FNNP8 随嵌入维数 m 的变化如图6.45所示。

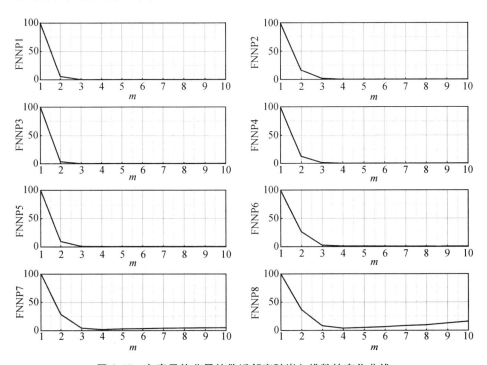

图6.45　各奇异值分量的伪近邻率随嵌入维数的变化曲线

采用相同的方法,计算各奇异值分量的排列熵值 PE,如表6.13所示。

表6.13　$1^{\#}$喷嘴后蒸汽压力奇异值分量的最优参数及排列熵值

参数	P_1	P_2	P_3	P_4	P_5	P_6	P_7	P_8
τ_{opt}	12	21	16	15	19	4	3	3
m_{opt}	3	3	2	3	3	3	3	4
PE	0.947 2	2.996 3	1.279 1	2.727 2	2.008 9	2.862 7	3.111 6	4.680 6

对各奇异值分量的排列熵值进行 K-means 聚类,选取 P_1、P_2 和 P_5 三个分量进行趋势项重构,结果如图6.46所示。

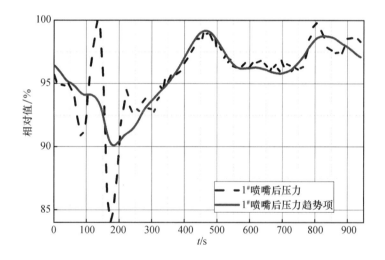

图6.46　$1^{\#}$喷嘴后蒸汽压力的原始数据和运行趋势对比

取第 400 s 至第 550 s 的运行趋势作为训练集建立 ARIMA(1,1,1) 模型,预测 $1^{\#}$喷嘴后蒸汽压力在未来 60 s 的运行趋势,结果如图6.47所示。

4. $2^{\#}$喷嘴后蒸汽压力

将经过降噪处理的 IMF_1、IMF_2 和 IMF_6 分量与未经过降噪处理的 IMF 分量和残余分量共同组成新的 IMF 分量矩阵,对其进行奇异值分解,得到8个奇异值分量 $P_1 \sim P_8$,如图6.48所示。

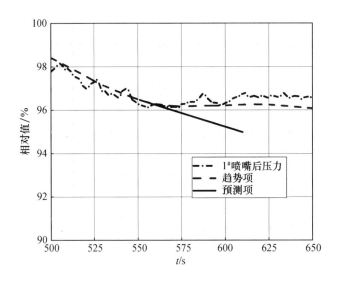

图 6.47 1#喷嘴后蒸汽压力运行趋势的预测结果

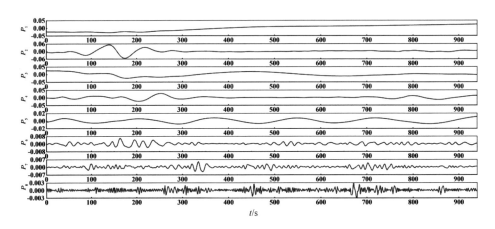

图 6.48 各 IMF 分量经分解后得到的奇异值分量

在相空间重构时，运用互信息法选取最佳延迟时间，在 1～100 s 的延迟时间范围内，各奇异值分量的互信息值 Mi1～Mi8 变化如图 6.49 所示。

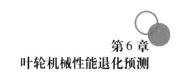

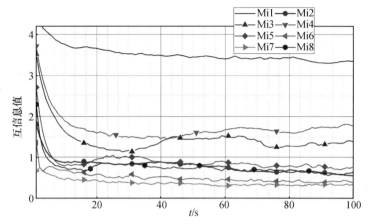

图 6.49 各奇异值分量的互信息值随延迟时间的变化曲线

采用伪近邻法计算最佳嵌入维数，嵌入维数 m 在 $1 \sim 10$ 的维数变化范围内，各奇异值分量的伪近邻率 FNNP1 $\sim$ FNNP8 随嵌入维数 m 的变化如图 6.50 所示。

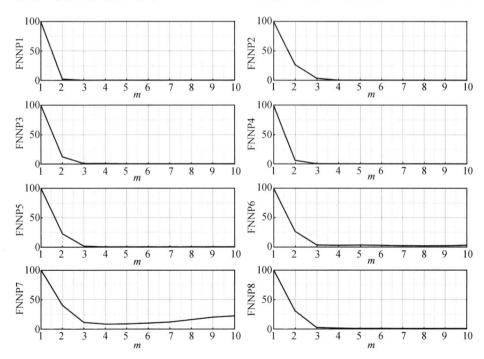

图 6.50 各奇异值分量的伪近邻率随嵌入维数的变化曲线

采用相同的方法，计算各奇异值分量的排列熵值 PE，如表 6.14 所示。

表 6.14　2[#]喷嘴后蒸汽压力奇异值分量的最优参数及排列熵值

参数	P_1	P_2	P_3	P_4	P_5	P_6	P_7	P_8
τ_{opt}	15	10	12	16	15	10	3	6
m_{opt}	2	3	3	3	2	3	3	4
PE	0.932 5	3.050 8	1.891 3	2.542 0	1.307 4	3.015 7	3.061 0	4.710 3

对各奇异值分量的排列熵值进行 K-means 聚类，选取 P_1、P_3 和 P_5 三个分量进行趋势项重构，结果如图 6.51 所示。

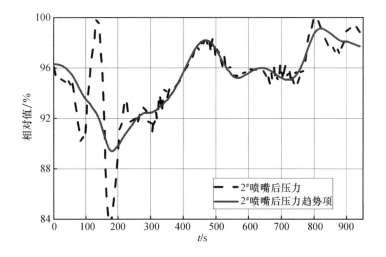

图 6.51　2[#]喷嘴后蒸汽压力的原始数据和运行趋势对比

取第 400 s 至第 550 s 的运行趋势作为训练集建立 ARIMA（1，2，1）模型，预测 2[#]喷嘴后蒸汽压力在未来 60 s 的运行趋势，结果如图 6.52 所示。

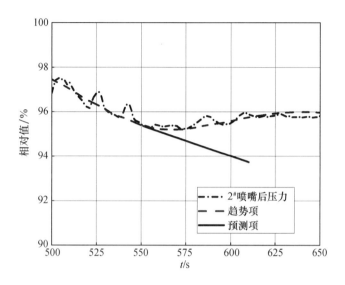

图 6.52　2#喷嘴后蒸汽压力运行趋势的预测结果

5.3#喷嘴后蒸汽压力

将经过降噪处理的 $IMF_1 \sim IMF_4$ 分量与未经过降噪处理的 IMF 分量和残余分量共同组成新的 IMF 分量矩阵，对其进行奇异值分解，得到 8 个奇异值分量 $P_1 \sim P_8$，如图 6.53 所示。

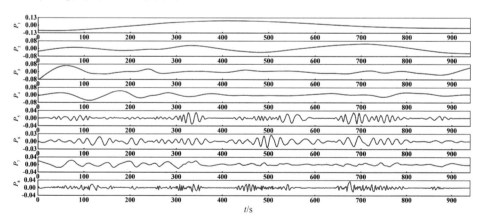

图 6.53　各 IMF 分量经分解后得到的奇异值分量

叶轮机械性能退化分析与预测

在相空间重构时，运用互信息法选取最佳延迟时间，在 1 ~ 100 s 的延迟时间范围内，各奇异值分量的互信息值 Mi1 ~ Mi8 变化如图 6.54 所示。

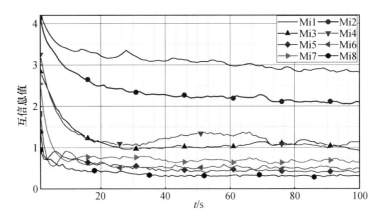

图 6.54　各奇异值分量的互信息值随延迟时间的变化曲线

采用伪近邻法计算最佳嵌入维数，嵌入维数 m 在 1 ~ 10 的维数变化范围内，各奇异值分量的伪近邻率 FNNP1 ~ FNNP8 随嵌入维数 m 的变化如图 6.55 所示。

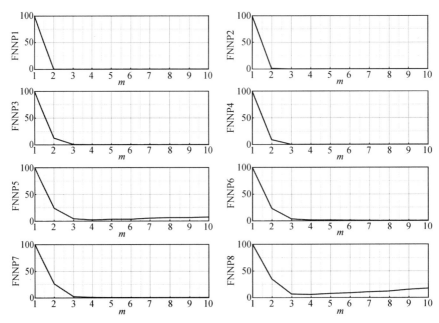

图 6.55　各奇异值分量的伪近邻率随嵌入维数的变化曲线

采用相同的方法，计算各奇异值分量的排列熵值 PE，如表6.15所示。

表6.15 3#喷嘴后蒸汽压力奇异值分量的最优参数及排列熵值

参数	P_1	P_2	P_3	P_4	P_5	P_6	P_7	P_8
τ_{opt}	12	19	29	18	3	5	10	3
m_{opt}	2	2	3	3	3	3	3	4
PE	0.817 8	1.147 4	2.869 8	2.590 2	3.046 5	2.909 0	3.042 6	4.674 0

对各奇异值分量的排列熵值进行 K-means 聚类，选取 P_1 和 P_2 两个分量进行趋势项重构，结果如图6.56所示。

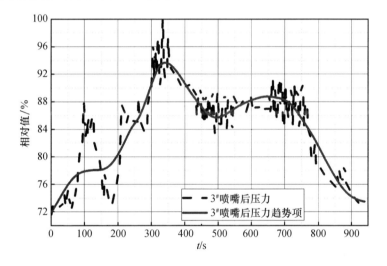

图6.56 3#喷嘴后蒸汽压力的原始数据和运行趋势对比

取第400 s至第550 s的运行趋势作为训练集建立 ARIMA（2，1，1）模型，预测3#喷嘴后蒸汽压力在未来60 s的运行趋势，结果如图6.57所示。

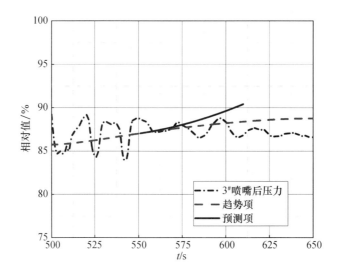

图 6.57　3#喷嘴后蒸汽压力运行趋势的预测结果

6. 滑油温度

将经过降噪处理的 IMF$_1$ 分量与未经过降噪处理的 IMF 分量和残余分量共同组成新的 IMF 分量矩阵，对其进行奇异值分解，得到 6 个奇异值分量 $P_1 \sim P_6$，如图 6.58 所示。

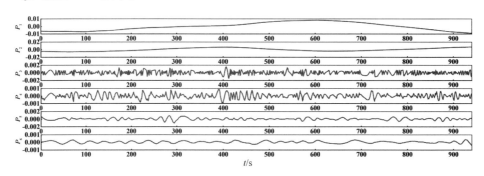

图 6.58　各 IMF 分量经分解后得到的奇异值分量

在相空间重构时，运用互信息法选取最佳延迟时间，在 1 ~ 100 s 的延迟时间范围内，各奇异值分量的互信息值 Mi1 ~ Mi6 变化如图 6.59 所示。

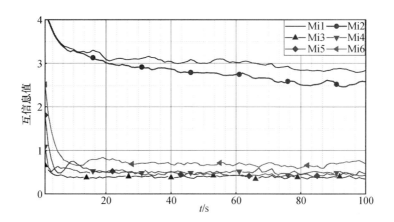

图 6.59　各奇异值分量的互信息值随延迟时间的变化曲线

采用伪近邻法计算最佳嵌入维数，嵌入维数 m 在 1～10 的维数变化范围内，各奇异值分量的伪近邻率 FNNP1～FNNP6 随嵌入维数 m 的变化如图 6.60 所示。

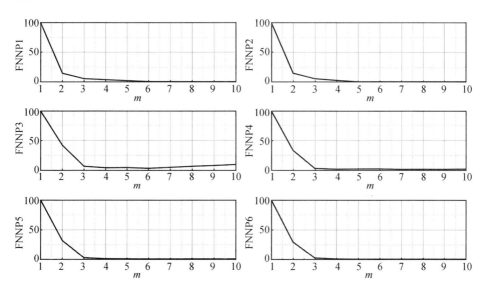

图 6.60　各奇异值分量的伪近邻率随嵌入维数的变化曲线

采用相同的方法，计算各奇异值分量的排列熵值 PE，如表 6.16 所示。

表 6.16 滑油温度奇异值分量的最优参数及排列熵值

参数	P_1	P_2	P_3	P_4	P_5	P_6
τ_{opt}	12	9	3	3	5	12
m_{opt}	3	4	4	3	3	3
PE	1.131 3	1.200 2	4.693 3	3.073 8	2.961 8	3.049 3

对各奇异值分量的排列熵值进行 K-means 聚类，选取 P_1 和 P_2 两个分量进行趋势项重构，结果如图 6.61 所示。

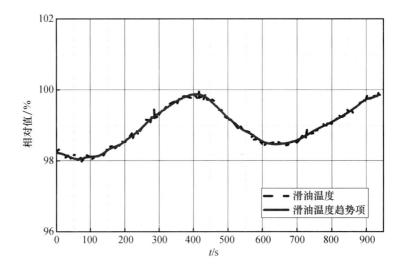

图 6.61 滑油温度的原始数据和运行趋势对比

取第 400 s 至第 550 s 的运行趋势作为训练集建立 ARIMA（1，1，1）模型，预测滑油温度在未来 60 s 的运行趋势，结果如图 6.62 所示。

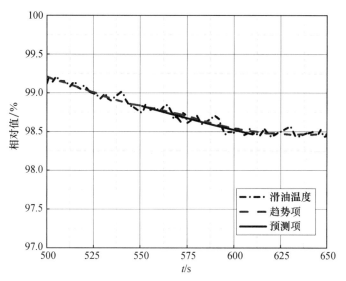

图 6.62　滑油温度运行趋势的预测结果

7. 调节级后蒸汽压力

将经过降噪处理的 $IMF_1 \sim IMF_2$ 分量与未经过降噪处理的 IMF 分量和残余分量共同组成新的 IMF 分量矩阵,对其进行奇异值分解,得到 7 个奇异值分量 $P_1 \sim P_7$,如图 6.63 所示。

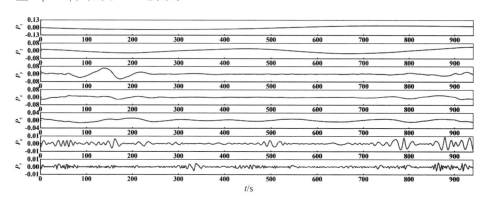

图 6.63　各 IMF 分量经分解后得到的奇异值分量

在相空间重构时,运用互信息法选取最佳延迟时间,在 $1 \sim 100$ s 的延迟时间范围内,各奇异值分量的互信息值 Mi1 $\sim$ Mi7 变化如图 6.64 所示。

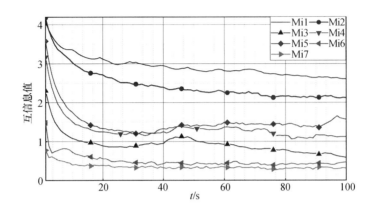

图 6.64　各奇异值分量的互信息值随延迟时间的变化曲线

采用伪近邻法计算最佳嵌入维数，嵌入维数 m 在 $1 \sim 10$ 的维数变化范围内，各奇异值分量的伪近邻率 FNNP1 ~ FNNP7 随嵌入维数 m 的变化如图 6.65 所示。

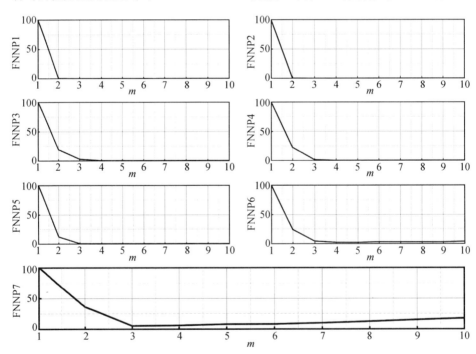

图 6.65　各奇异值分量的伪近邻率随嵌入维数的变化曲线

采用相同的方法，计算各奇异值分量的排列熵值 PE，如表 6.17 所示。

表 6.17　调节级后蒸汽压力奇异值分量的最优参数及排列熵值

参数	P_1	P_2	P_3	P_4	P_5	P_6	P_7
τ_{opt}	8	17	23	19	22	3	2
m_{opt}	2	2	3	3	3	3	3
PE	0.869 4	0.936 8	3.017 2	2.898 2	2.458 6	2.866 0	3.133 7

对各奇异值分量的排列熵值进行 K-means 聚类，选取 P_1 和 P_2 两个分量进行趋势项重构，结果如图 6.66 所示。

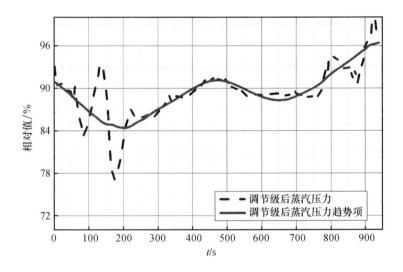

图 6.66　调节级后蒸汽压力的原始数据和运行趋势对比

取第 400 s 至第 550 s 的运行趋势作为训练集建立 ARIMA（2，2，1）模型，预测调节级后蒸汽压力在未来 60 s 的运行趋势，结果如图 6.67 所示。

8. 速关阀前蒸汽压力

将经过降噪处理的 $IMF_1 \sim IMF_3$ 分量与未经过降噪处理的 IMF 分量和残余分量共同组成新的 IMF 分量矩阵，对其进行奇异值分解，得到 8 个奇异值分量 $P_1 \sim P_8$，如图 6.68 所示。

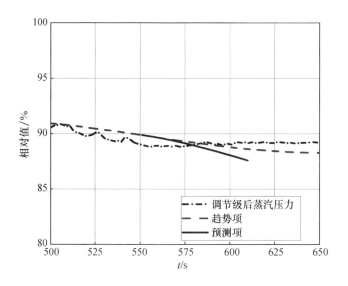

图 6.67　调节级后蒸汽压力运行趋势的预测结果

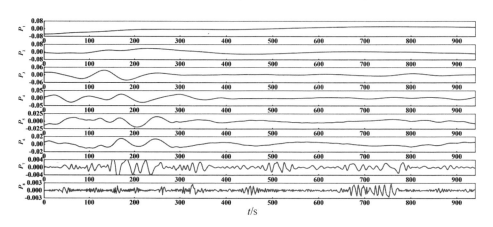

图 6.68　各 IMF 分量经分解后得到的奇异值分量

　　在相空间重构时，运用互信息法选取最佳延迟时间，在 1 ~ 100 s 的延迟时间范围内，各奇异值分量的互信息值 Mi1 ~ Mi8 变化如图 6.69 所示。

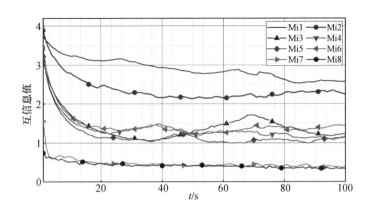

图 6.69　各奇异值分量的互信息值随延迟时间的变化曲线

采用伪近邻法计算最佳嵌入维数，嵌入维数 m 在 $1 \sim 10$ 的维数变化范围内，各奇异值分量的伪近邻率 FNNP1 ~ FNNP8 随嵌入维数 m 的变化如图 6.70 所示。

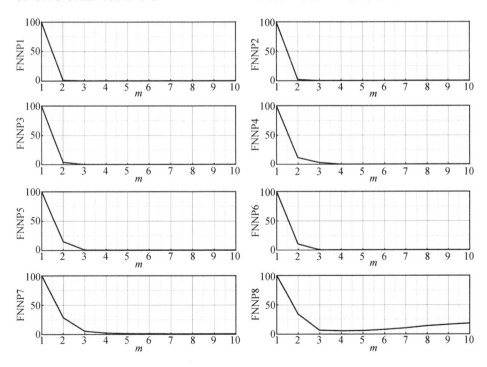

图 6.70　各奇异值分量的伪近邻率随嵌入维数的变化曲线

采用相同的方法，计算各奇异值分量的排列熵值 PE，如表 6.18 所示。

表 6.18　速关阀前蒸汽压力奇异值分量的最优参数及排列熵值

参数	P_1	P_2	P_3	P_4	P_5	P_6	P_7	P_8
τ_{opt}	10	19	29	18	20	17	4	2
m_{opt}	2	2	2	3	3	3	3	4
PE	0.801 4	1.349 8	1.661 8	2.705 8	2.682 4	2.412 0	3.072 5	4.705 7

对各奇异值分量的排列熵值进行 K-means 聚类，选取 P_1 和 P_2 两个分量进行趋势项重构，结果如图 6.71 所示。

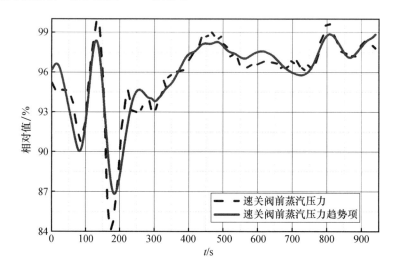

图 6.71　速关阀前蒸汽压力的原始数据和运行趋势对比

取第 400 s 至第 550 s 的运行趋势作为训练集建立 ARIMA（1，2，1）模型，预测速关阀前蒸汽压力在未来 60 s 的运行趋势，结果如图 6.72 所示。

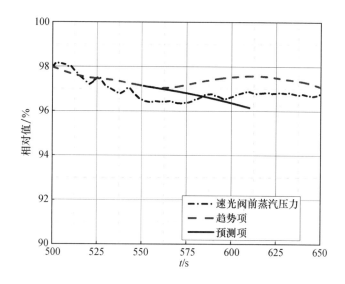

图 6.72　速关阀前蒸汽压力运行趋势的预测结果

9. 冷凝器水位

将经过降噪处理的 $IMF_1 \sim IMF_3$ 分量与未经过降噪处理的 IMF 分量和残余分量共同组成新的 IMF 分量矩阵，对其进行奇异值分解，得到 9 个奇异值分量 $P_1 \sim P_9$，如图 6.73 所示。

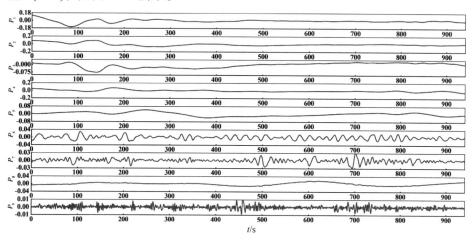

图 6.73　各 IMF 分量经分解后得到的奇异值分量

在相空间重构时，运用互信息法选取最佳延迟时间，在 1 ~ 100 s 的延迟时间范围内，各奇异值分量的互信息值 Mi1 ~ Mi9 变化如图 6.74 所示。

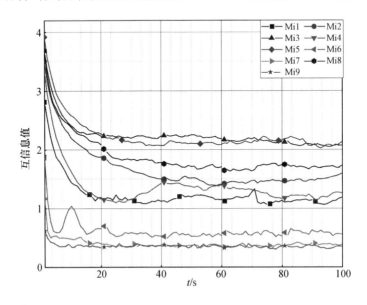

图 6.74　各奇异值分量的互信息值随延迟时间的变化曲线

采用伪近邻法计算最佳嵌入维数，嵌入维数 m 在 1 ~ 10 的维数变化范围内，各奇异值分量的伪近邻率 FNNP1 ~ FNNP9 随嵌入维数 m 的变化如图 6.75 所示。

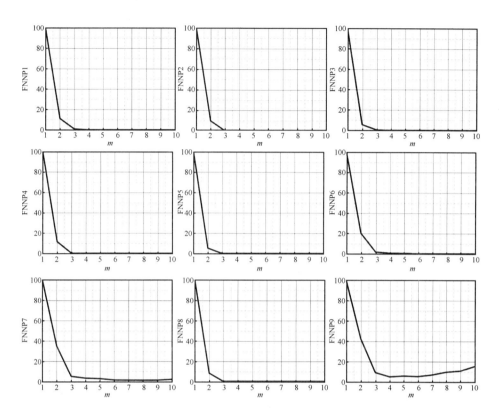

图 6.75　各奇异值分量的伪近邻率随嵌入维数的变化曲线

采用相同的方法，计算各奇异值分量的排列熵值 PE，如表 6.19 所示。

表 6.19　冷凝器水位奇异值分量的最优参数及排列熵值

参数	P_1	P_2	P_3	P_4	P_5	P_6	P_7	P_8	P_9
τ_{opt}	15	19	13	25	22	5	3	27	6
m_{opt}	3	3	3	3	3	3	3	3	4
PE	2.746 7	2.551 5	2.550 1	2.740 6	2.272 4	2.865 7	3.139 2	2.158 0	4.724 5

对各奇异值分量的排列熵值进行 K-means 聚类，选取 P_1、P_3、P_5 和 P_8 四个分量进行趋势项重构，结果如图 6.76 所示。

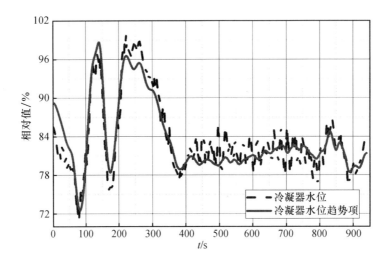

图 6.76　冷凝器水位的原始数据和运行趋势对比

取第 400 s 至第 550 s 的运行趋势作为训练集建立 ARIMA(2, 1, 2) 模型, 预测冷凝器水位在未来 60 s 的运行趋势, 结果如图 6.77 所示。

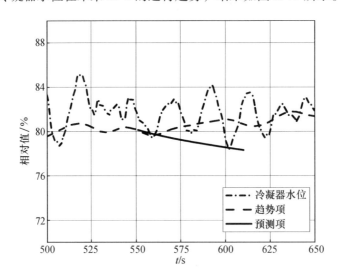

图 6.77　冷凝器水位运行趋势的预测结果

10. 汽封压力

将经过降噪处理的 $IMF_1 \sim IMF_3$ 分量与未经过降噪处理的 IMF 分量和残余分量共同组成新的 IMF 分量矩阵，对其进行奇异值分解，得到 8 个奇异值分量 $P_1 \sim P_8$，如图 6.78 所示。

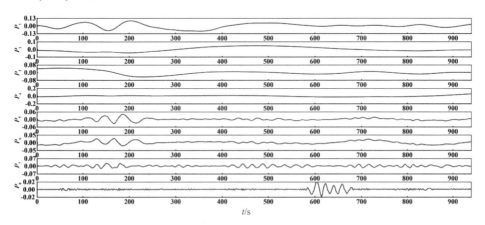

图 6.78　各 IMF 分量经分解后得到的奇异值分量

在相空间重构时，运用互信息法选取最佳延迟时间，在 $1 \sim 100$ s 的延迟时间范围内，各奇异值分量的互信息值 Mi1 $\sim$ Mi8 变化如图 6.79 所示。

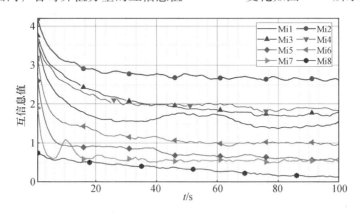

图 6.79　各奇异值分量的互信息值随延迟时间的变化曲线

采用伪近邻法计算最佳嵌入维数，嵌入维数 m 在 $1 \sim 10$ 的维数变化范围内，各奇异值分量的伪近邻率 FNNP1～FNNP8 随嵌入维数 m 的变化如图 6.80 所示。

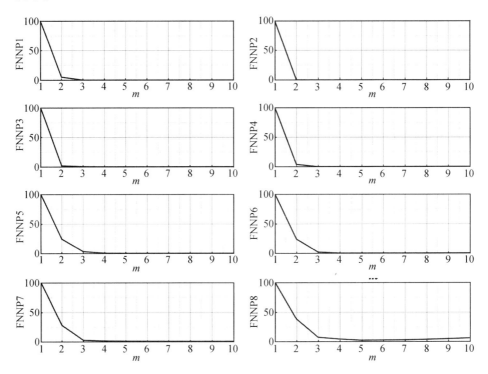

图 6.80　各奇异值分量的伪近邻率随嵌入维数的变化曲线

采用相同的方法，计算各奇异值分量的排列熵值 PE，如表 6.20 所示。

表 6.20　汽封压力奇异值分量的最优参数及排列熵值

参数	P_1	P_2	P_3	P_4	P_5	P_6	P_7	P_8
τ_{opt}	23	12	25	18	9	12	6	7
m_{opt}	3	2	2	2	3	3	3	4
PE	2.467 2	0.975 2	1.263 9	1.212 7	3.114 0	2.938 0	2.956 8	4.697 5

对各奇异值分量的排列熵值进行 K-means 聚类，选取 P_2、P_3 和 P_4 三个分量进行趋势项重构，结果如图 6.81 所示。

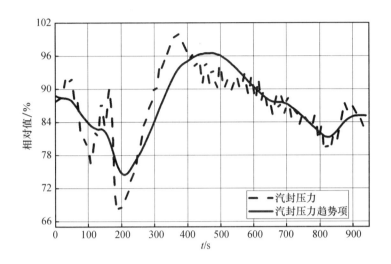

图 6.81　汽封压力的原始数据和运行趋势对比

取第 400 s 至第 550 s 的运行趋势作为训练集建立 ARIMA(3，1，1) 模型，预测汽封压力在未来 60 s 的运行趋势，结果如图 6.82 所示。

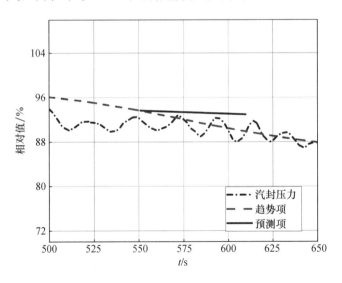

图 6.82　汽封压力运行趋势的预测结果

6.4.3 耦合相关性计算

通过第 6.4.1 节和第 6.4.2 节的计算，得到了汽轮机转速、冷凝器真空度、1#~3#喷嘴后蒸汽压力、滑油温度、调节级后蒸汽压力、速关阀前蒸汽压力、冷凝器水位、汽封压力等十个参数的运行趋势的预测序列，将其组成如式（6.29）所示的参数矩阵；由式（6.32）计算各参数的熵权值并构造指标加权矩阵，其中各参数的熵权值如表 6.21 所示。

表 6.21　各参数的熵权值

参数	熵权值
汽轮机转速	0.099 1
冷凝器真空度	0.090 6
1#喷嘴后蒸汽压力	0.086 0
2#喷嘴后蒸汽压力	0.087 7
3#喷嘴后蒸汽压力	0.120 0
滑油温度	0.110 6
调节级后蒸汽压力	0.104 2
速关阀前蒸汽压力	0.085 7
冷凝器水位	0.118 4
汽封压力	0.097 7

由式（6.35）计算基于位置关系的指标加权矩阵正、负理想解序列，如图 6.83 和图 6.84 所示。

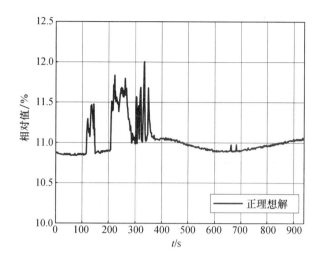

图 6.83　指标加权矩阵的正理想解序列图

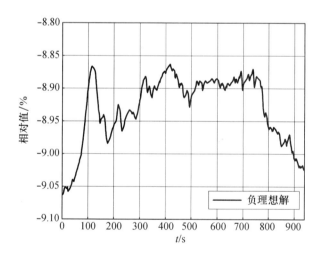

图 6.84　指标加权矩阵的负理想解序列图

　　在得到指标加权矩阵的正、负理想解后，由式（6.36）计算各参数序列与正、负理想解的距离关系，其中缩放因子 β 取 1.1，计算结果经无量纲化处理后如表 6.22 所示。

表 6.22　无量纲化处理后的各参数序列与正、负理想解的距离关系

参数	h_j^+	h_j^-
汽轮机转速	0.058 5	0.723 9
冷凝器真空度	0.004 0	1.000 0
1#喷嘴后蒸汽压力	0.028 3	0.784 7
2#喷嘴后蒸汽压力	0.029 5	0.779 4
3#喷嘴后蒸汽压力	0.080 9	0.709 7
滑油温度	1.000 0	0.677 7
调节级后蒸汽压力	0.046 0	0.738 5
速关阀前蒸汽压力	0.028 1	0.785 4
冷凝器水位	0.069 8	0.715 5
汽封压力	0.031 1	0.773 4

由式（6.37）~式（6.47）计算指标加权矩阵中各参数序列与正、负理想解的灰关联度，计算结果经无量纲化处理后如表 6.23 所示。

表 6.23　无量纲化处理后的灰关联度

参数	g_j^+	g_j^-
汽轮机转速	0.998 1	0.965 5
冷凝器真空度	0.971 0	1.000 0
1#喷嘴后蒸汽压力	0.996 0	0.968 2
2#喷嘴后蒸汽压力	0.996 1	0.964 79
3#喷嘴后蒸汽压力	0.998 7	0.964 8
滑油温度	1.000 0	0.963 2
调节级后蒸汽压力	0.997 6	0.966 2
速关阀前蒸汽压力	0.995 9	0.968 2
冷凝器水位	0.998 4	0.965 1
汽封压力	0.996 3	0.967 7

6.4.4 预测与评价结果

由式（6.52）将各参数的 h_j^+、h_j^-、g_j^+、g_j^- 融合为各参数与发电汽轮机组综合运行状态的相关性大小权值，如表6.24所示。

表6.24 各参数与发电汽轮机组综合运行状态的相关性权值

参数	权值
发电汽轮机转速	0.335 7
冷凝器真空度	0.289 3
1#喷嘴后蒸汽压力	0.317 4
2#喷嘴后蒸汽压力	0.318 6
3#喷嘴后蒸汽压力	0.344 9
滑油温度	0.549 9
调节级后蒸汽压力	0.329 6
速关阀前蒸汽压力	0.317 3
冷凝器水位	0.340 5
汽封压力	0.319 9

根据第6.4.2节计算得到的各参数性能退化趋势预测值，由式（6.53）对各参数的运行状态进行评估，其中各参数的高、低敏感度系数设置如表6.25所示。

表6.25 各参数的高、低敏感度系数

参数	δ_1	δ_2
汽轮机转速	10	5
冷凝器真空度	25	5
1#喷嘴后蒸汽压力	4	5

续表

参数	δ_1	δ_2
2#喷嘴后蒸汽压力	5	5
3#喷嘴后蒸汽压力	6	5
滑油温度	5	5
调节级后蒸汽压力	23	5
速关阀前蒸汽压力	2	2
冷凝器水位	2	5
汽封压力	1	5

得到各参数的运行状态评分后，将其与表 6.24 中的相关性权值融合，由式（6.54）计算得到机组的综合运行状态在未来一段时间内的变化趋势，如图 6.85 所示。

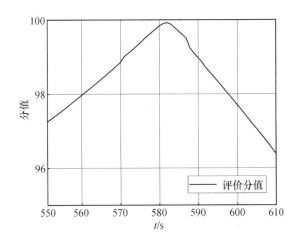

图 6.85　发电汽轮机组综合运行状态预测与评价结果

由图 6.85 可见，在 585 s 后机组的运行预测状态开始呈现下降趋势，建议持续关注各参数的预测趋势，保证汽轮机运行的稳定性。

6.5　本章小结

本章完成的主要工作和研究成果如下：

（1）建立了基于 MREMD 和小波阈值降噪的离散数字信号降噪模型。针对实际采集得到的监测数据存在噪声干扰的问题，首先利用 MREMD 方法将非平稳序列进行分解，然后定量筛选出分解后分量中的噪声分量，最后利用小波阈值降噪方法选取合适的降噪阈值和降噪阈值函数对噪声分量进行降噪处理，从而达到降噪的目的。

（2）建立了单参数非平稳时间序列的趋势提取与预测模型。针对非平稳时间序列中包含的固有趋势难以提取问题，对各参数分解后的分量所组成的矩阵进行奇异值分解，选取出分量矩阵特征值非零时的特征向量，采用排列熵算法计算每个分量的排列熵值，然后利用 K-means 聚类分析算法对各分量的排列熵值分类，并选择熵值较低的一类分量作为原始信号的运行趋势。该模型不需要对待分析的数据信息进行简化，理论上可以更加全面地运用原始数据中蕴含的各种信息，在本质上要比经验分析和机理分析方法更加普适，而且不需要增加额外的传感器，可以直接与监控系统融合，应用场景广阔。

（3）建立了耦合热力多参数相关性计算模型。首先，根据与设备运行状态相关参数的历史运行数据，根据各自的整定值将其转化为波动值序列，并组成参数矩阵，利用熵权法计算得到了各参数波动值序列的权重；其次，利用 TOPSIS 法规定参数波动值的序列的正、负理想解，并计算出指标加权矩阵中各参数与正、负理想解在位置关系上的相关性大小，利用灰关联分析方法计算出指标加权矩阵中各参数与正、负理想解在曲线几何相似程度上的相似性大小；最后，根据数据融合算法将利用 TOPSIS 法和灰关联分析方法计算得到的结果融合为各参数的运行状态与设备运行稳定性状态的相关性大小。

（4）建立了设备运行状态稳定性评价计算模型。为了评价设备的运行稳定性状态，首先对与设备运行状态相关的各个状态参数的运行状态进行评价，

叶轮机械性能退化分析与预测

将各参数的历史运行数据的波动值序列转化为各参数的运行状态稳定性的分值序列，再结合利用数据融合算法计算得到的各参数与设备运行状态的相关性权值，将各参数的稳定性状态评价分值序列融合为设备的运行稳定性评价分值序列。

（5）以某型船舶发电汽轮机组为例，针对与机组运行状态相关的 10 个重要监测参数的历史运行时间序列，开展了时间序列分析计算，包括：参数分解、数据降噪、运行趋势提取和预测等；然后在单个监测参数分解与降噪的基础上，进行了多参数耦合相关性的计算与机组的综合运行状态预测，包括：熵权法构造指标加权矩阵、指标相关性计算、正负理想解的关联度分析、各参数的相关性权值计算、单个参数和多参数综合的运行状态评估算法等。

参考文献

[1] BODDEN D, CLEMENTS N, GRUBE B, et al. Prognostics and health management as design variable in air-vehicle conceptual design[J]. Journal of Aircraft, 2006, 43(4): 1053 – 1058.

[2] SUAREZ E L, DUFFY M J, GAMACHE R N, et al. Jet engine life prediction systems integrated with prognostics health management[C]//2004 IEEE Aerospace Conference Proceedings (IEEE Cat. No. 04TH8720), Big Sky, MT, USA. IEEE, 2004: 3596 – 3602.

[3] 曾声奎, PECHT M G, 吴际. 故障预测与健康管理(PHM)技术的现状与发展[J]. 航空学报, 2005, 26(5): 626 – 632.

[4] 佐藤豪. 燃气轮机循环理论[M]. 王仁, 译. 北京: 机械工业出版社, 1983.

[5] 王丰. 热力发动机优化设计[M]. 北京: 国防工业出版社, 1993.

[6] 陈林根. 不可逆过程和循环的有限时间热力学分析[M]. 北京: 高等教育出版社, 2005.

[7] 贺星, 孙丰瑞, 刘永葆, 等. 基于 Hopfield 神经网络的燃气轮机可靠性分配[J]. 华中科技大学学报(自然科学版), 2009, 37(6): 48 – 51.

[8] 贺星, 陈林根, 孙丰瑞. 具有热阻、热漏的不可逆布雷森循环生态学性能新析[J]. 热科学与技术, 2009, 8(2): 140 – 145.

[9] 贺星, 尹茂华. 布雷顿与斯特林联合循环性能分析[J]. 燃气轮机技术, 2010, 23(3): 7 – 10.

［10］ 贺星，孙丰瑞. 布雷顿与斯特林联合循环的热力学性能优化［J］. 华北电力大学学报（自然科学版），2010，37（2）：85－88，112.

［11］ 刘斌，张仁兴，贺星. 燃气初温对燃气轮机损失的影响分析［J］. 燃气轮机技术，2009，22（2）：5－8.

［12］ 刘斌，张仁兴，贺星. 大气温度对燃气轮机做功能力损失的影响分析［J］. 节能，2009，28（1）：16－19.

［13］ KACPRZYNSKI G J, KRICHENE A, DESHMUKH S. Poseidon：the US navy's comprehensive health management software for LM2500 MGTs：part 1［C］//Proceedings of ASME Turbo Expo 2003, Collocated with the 2003 International Joint Power Generation Conference, Atlanta, Georgia, USA, 2009：483－488.

［14］ VOLPONI A, BROTHERTON T, LUPPOLD R. Development of an information fusion system for engine diagnostics and health management ［C］//Proceedings of the AIAA 1st Intelligent Systems Technical Conference, Chicago, Illinois. Reston, Virigina：AIAA, 2004：AIAA2004－6461.

［15］ LITT J S, SIMON D L, GARG S, et al. A survey of intelligent control and health management technologies for aircraft propulsion systems［J］. Journal of Aerospace Computing, Information, and Communication, 2004, 1（12）：543－563.

［16］ DAVISON C R. Health monitoring and prognosis for micro gas turbine engines［D］. Kingston, Ontario, Canada：Queen's University, 2005.

［17］ MELCHER K, MAUL W, GARG S. Propulsion health management system development for affordable and reliable operation of space exploration systems ［C］//Proceedings of the AIAA SPACE 2007 Conference & Exposition. Long Beach, California. Reston, Virigina：AIAA, 2007：AIAA2007－6237.

［18］ 王施，王荣桥，陈志英，等. 航空发动机健康管理综述［J］. 燃气涡轮试验与研究，2009，22（1）：51－58.

［19］ LARKIN J, MOAWAD E, PIELUSZCZAK D. Functional aspects of, and trade considerations for, an application-optimized engine health management system (EHMS) [C]//Proceedings of the 40th AIAA/ASME/SAE/ASEE Joint Propulsion Conference and Exhibit. Fort Lauderdale, Florida. Reston, Virigina: AIAA, 2004: AIAA2004 – 4045.

[20] HOLTZ C, SMITH G, FRIEND R. Modernizing systems through data integration: a vision for EHM in the United States air force [C]// Proceedings of the 40th AIAA/ASME/SAE/ASEE Joint Propulsion Conference and Exhibit, Fort Lauderdale, Florida. Reston, Virigina: AIAA, 2004: AIAA2004 – 4049.

[21] GUNETTI P, MILLS A, THOMPSONH. A distributed intelligent agent architecture for gas-turbine engine health management [C]//Proceedings of the 46th AIAA Aerospace Sciences Meeting and Exhibit, Reno, Nevada. Reston, Virigina: AIAA, 2008: AIAA2008 – 883.

[22] ROEMER M, TANG L A, BHARADWAJ S, et al. An integrated aircraft health assessment and fault contingency management system for aircraft [C]//Proceedings of the AIAA Guidance, Navigation and Control Conference and Exhibit, Honolulu, Hawaii. Reston, Virigina: AIAA, 2008: AIAA2008 – 6505.

[23] 贺星, 孙丰瑞, 张仁兴. 基于推力功势的航空燃气轮机故障性能研究 [J]. 航空动力学报, 2009, 24(9): 2091 – 2095.

[24] 贺星, 刘永葆, 孙丰瑞. 基于燃气马力的燃气轮机性能退化[J]. 华中科技大学学报(自然科学版), 2009, 37(12): 96 – 99.

[25] 贺星, 孙丰瑞, 刘永葆, 等. 基于功势的燃气轮机广义效率研究[J]. 航空动力学报, 2010, 25(5): 1056 – 1060.

[26] 郝英, 孙健国, 白杰. 航空燃气涡轮发动机气路故障诊断现状与展望 [J]. 航空动力学报, 2003, 18(6): 753 – 760.

[27] 侯凤阳. 基于人工神经网络的燃气轮机气路故障诊断研究[D]. 南京: 南京航空航天大学, 2007.

［28］ 陈果. 用结构自适应神经网络预测航空发动机性能趋势［J］. 航空学报，2007，28(3)：535 –539.

［29］ LI Y G, NILKITSARANONT P. Gas turbine performance prognostic for condition-based maintenance［J］. Applied Energy, 2009, 86(10): 2152 –2161.

［30］ STAMATIS A, MATHIOUDAKIS K, PAPAILIOU K D. Adaptive simulation of gas turbine performance［J］. Journal of Engineering for Gas Turbines and Power, 1990, 112(2): 168 –175.

［31］ 谢光华，曾庆福，张燕东. 航空发动机仿真模型参数自适应校正［J］. 航空动力学报，1998，13(1)：37 –40.

［32］ 段守付，樊思齐，卢燕. 航空发动机自适应建模技术研究［J］. 航空动力学报，1999，14(4)：440 –442，457.

［33］ 吴虎，肖洪，蒋建军. 涡扇发动机部件特性自适应模拟［J］. 推进技术，2005，26(5)：430 –433.

［34］ 陈玉春，黄兴，徐思远，等. 涡轮发动机部件特性自适应模型的确定方法［J］. 推进技术，2008，29(2)：214 –218.

［35］ 肖洪，刘振侠，廉筱纯. 两种涡扇发动机部件特性自适应模型对比［J］. 中国民航大学学报，2008，26(3)：17 –19.

［36］ 蒋建军，鲁伟，尹洪举，等. 航空发动机部件特性自适应计算方法［J］. 航空计算技术，2008，38(4)：11 –13，17.

［37］ 王永华，李本威，孙涛，等. 基于部件特性自适应的涡扇发动机仿真［J］. 航空发动机，2009，35(2)：20 –23.

［38］ STAMATIS A, KAMBOUKOS P, ARETAKIS N, et al. On board adaptive models：a general framework and implementation aspects［C］//Proceedings of ASME Turbo Expo 2002：Power for Land, Sea, and Air, Amsterdam, the Netherlands, 2009：139 –146.

［39］ LI Y G, PILIDIS P, NEWBY M A. An adaptation approach for gas turbine design-point performance simulation［J］. Journal of Engineering for Gas Turbines and Power, 2006, 128(4): 789 –795.

［40］ LI Y G. Gas turbine performance and health status estimation using adaptive gas path analysis［J］. Journal of Engineering for Gas Turbines and Power, 2010, 132(4): 041701.

［41］ LI Y G, MARINAI L, GATTO E L, et al. Multiple-point adaptive performance simulation tuned to aeroengine test-bed data［J］. Journal of Propulsion and Power, 2009, 25(3): 635 −641.

［42］ LI Y G, PILIDIS P. GA-based design-point performance adaptation and its comparison with ICM-based approach［J］. Applied Energy, 2010, 87(1): 340 −348.

［43］ ROTH B A, DOEL D L, CISSELL J J. Probabilistic matching of turbofan engine performance models to test data［C］//Proceedings of ASME Turbo Expo 2005: Power for Land, Sea, and Air, Reno, Nevada, USA, 2005: 541 −548.

［44］ URBAN L A. Gas path analysis applied to turbine engine condition monitoring［C］//The AIAA/SAE 8th Joint Propulsion Specialist Conference, New Orleans, LA, USA. Reston, Virigina: AIAA, 1972: AIAA1972 −1082.

［45］ URBAN L A. Parameter selection for multiple fault diagnostics of gas turbine engines［J］. Journal of Engineering for Power, 1975, 97(2): 225 −230.

［46］ CREWAL M S. Gas turbine engine performance deterioration modelling and analysis［D］. Cranfield, East of England, UK: Cranfield University, 1988.

［47］ OGAJI S O T, SAMPATH S, SINGH R, et al. Parameter selection for diagnosing a gas-turbine's performance-deterioration［J］. Applied Energy, 2002, 73(1): 25 −46.

［48］ 陈大光, 韩凤学, 唐耿林. 多状态气路分析法诊断发动机故障的分析 ［J］. 航空动力学报, 1994, 9(4): 349 −352.

［49］ 唐耿林. 航空发动机性能监视参数选择的研究［J］. 推进技术, 1998, 19(2): 38 −42, 53.

［50］ 范作民, 孙春林, 白杰. 航空发动机故障诊断导论［M］. 北京: 科学出

版社, 2004.

[51] 范作民, 孙春林, 林兆福. 发动机故障诊断的主因子模型[J]. 航空学报, 1993, 14(12): 588 – 595.

[52] FAN Z M, LIN Z F. Fewest-fault integral optimization algorithm for engine fault diagnosis[J]. Chinese Journal of Aeronautics, 1992, 5(3): 182 – 189.

[53] 范作民, 孙春林. 发动机全面性能诊断的随机搜索模型[J]. 航空学报, 1997, 18(3): 267 – 271.

[54] 孙春林, 范作民. 发动机故障诊断的主成分算法[J]. 航空学报, 1998, 19(3): 342 – 345.

[55] 范作民, 白杰, 阎国华. Kohonen 网络在发动机故障诊断中的应用[J]. 航空动力学报, 2000, 15(1): 89 – 92.

[56] 范作民, 孙春林, 白杰. 发动机故障诊断的 MONTE CARLO 通解算法[J]. 航空学报, 2000, 21(5): 391 – 398.

[57] BAI J, FAN Z M, SUN C L. Consistence criterion for engine fault diagnosis decision [C]//Proceedings of the Third Asian-pacific Conference on Aerospace Technology and Science, Kunming, Yunnan, China. Beijing University of Aeronautics and Astronautics, 2000: 407 – 413.

[58] 周密. 基于信息融合技术的燃气轮机气路故障诊断研究[D]. 武汉: 武汉工程大学, 2009.

[59] LEE Y K, MAVRIS D N, VOLOVOI V V, et al. A fault diagnosis method for industrial gas turbines using Bayesian data analysis[J]. Journal of Engineering for Gas Turbines andPower, 2010, 132(4): 041602.

[60] 翁史烈, 王永泓. 基于热力参数的燃气轮机智能故障诊断[J]. 上海交通大学学报, 2002, 36(2): 165 – 168.

[61] 黄晓光. 基于热力参数的燃气轮机故障诊断[D]. 上海: 上海交通大学, 2000.

[62] OGAJI S O T, MARINAI L, SAMPATH S, et al. Gas-turbine fault diagnostics: a fuzzy-logic approach[J]. Applied Energy, 2005, 82(1): 81 – 89.

[63] KYRIAZIS A, MATHIOUDAKIS K. Gas turbine fault diagnosis using fuzzy-based decision fusion[J]. Journal of Propulsion and Power, 2009, 25(2): 335 – 343.

[64] KYRIAZIS A, MATHIOUDAKIS K. Enhanced fault localization using probabilistic fusion with gas path analysis algorithms [J]. Journal of Engineering for Gas Turbines and Power, 2009, 131(5): 1 – 9.

[65] SAMPATH S, OGAJI S, SINGH R, et al. Engine-fault diagnostics: an optimisation procedure[J]. Applied Energy, 2002, 73(1): 47 – 70.

[66] HAO Y, SUN J G, YANG G Q, et al. The application of support vector machines to gas turbine performance diagnosis [J]. Chinese Journal of Aeronautics, 2005, 18(1): 15 – 19.

[67] LEE S M, CHOI W J, ROH T S, et al. Defect diagnostics of gas turbine engine using hybrid SVM-artificial neural network method[C]//Proceedings of the 43rd AIAA/ASME/SAE/ASEE Joint Propulsion Conference & Exhibit, Cincinnati, OH. Reston, Virigina: AIAA, 2007: AIAA2007 – 5109.

[68] SEO D H, CHOI W J, ROH T S, et al. Defect diagnostics of gas turbine engine using hybrid SVM-ANN with module system in off-design condition [C]//Proceedings of the 44th AIAA/ASME/SAE/ASEE Joint Propulsion Conference & Exhibit, Hartford, CT. Reston, Virigina: AIAA, 2008: AIAA2008 – 4903.

[69] ARETAKIS N, MATHIOUDAKIS K, STAMATIS A. Nonlinear engine component fault diagnosis from a limited number of measurements using a combinatorial approach[J]. Journal of Engineering for Gas Turbines and Power, 2003, 125(3): 642 – 650.

[70] KAMBOUKOS P, MATHIOUDAKIS K. Comparison of linear and nonlinear gas turbine performance diagnostics [J]. Journal of Engineering for Gas Turbines and Power, 2005, 127(1): 49 – 56.

[71] LI Y G. A gas turbine diagnostic approach with transient measurements[J].

Proceedings of the Institution of Mechanical Engineers, Part A: Journal of Power and Energy, 2003, 217(2): 169 – 177.

[72] KAMBOUKOS P, MATHIOUDAKIS K. Turbofan engine health assessment by combining steady and transient state aerothermal data[C]//Proceedings of the 7th European Conference on Turbomachinery, Fluid Dynamics and Thermodynamics. Athens, Greece, 2007.

[73] KURZ R, BRUN K. Degradation in gas turbine systems[J]. Journal of Engineering for Gas Turbines and Power, 2001, 123(1): 70 – 77.

[74] LAKSHMINARASIMHA A N, BOYCE B P, MEHER-HOMJ C B. Modeling and analysis of gas turbine performance deterioration [J]. Journal of Engineering for Gas Turbines and Power, 1994, 116(1): 46 – 52.

[75] ZAITA A V, BULEY G, KARLSONS G. Performance deterioration modeling in aircraft gas turbine engines[J]. Journal of Engineering for Gas Turbines and Power, 1998, 120(2): 344 – 349.

[76] 余又红. 舰船综合全电力推进系统的原动机配置与优化研究[D]. 武汉：武汉工程大学, 2009.

[77] MORINI M, PINELLI M, SPINA P R, et al. Influence of blade deterioration on compressor and turbine performance [J]. Journal of Engineering for Gas Turbines and Power, 2010, 132(3): 032401.

[78] DIAKUNCHAK I S. Performance deterioration in industrial gas turbines[J]. Journal of Engineering for Gas Turbines and Power, 1992, 114(2): 161 – 168.

[79] STALDER J P. Gas turbine compressor washing state of the art: field experiences[J]. Journal of Engineering for Gas Turbines and Power, 2001, 123(2): 363 – 370.

[80] MUND F C, PILIDIS P. Gas turbine compressor washing: historical developments, trends and main design parameters for online systems[J]. Journal of Engineering for Gas Turbines and Power, 2006, 128(2):

344 – 353.

[81] BOYCE M P, GONZALEZ F. A study of on-line and off-line turbine washing to optimize the operation of a gas turbine[J]. Journal of Engineering for Gas Turbines and Power, 2007, 129(1): 114 – 122.

[82] SYVERUD E, BREKKE O, BAKKEN L E. Axial compressor deterioration caused by saltwater ingestion [J]. Journal of Turbomachinery, 2007, 129(1): 119 – 126.

[83] YOON J E, LEE J J, KIM T S, et al. Analysis of performance deterioration of a micro gas turbine and the use of neural network for predicting deteriorated component characteristics[J]. Journal of Mechanical Science and Technology, 2008, 22(12): 2516 – 2525.

[84] NAEEM M. Impacts of low-pressure (LP) compressors' fouling of a turbofan upon operational-effectiveness of a military aircraft[J]. Applied Energy, 2008, 85(4): 243 – 270.

[85] NAEEM M, SINGH R, PROBERT D. Implications of engine deterioration for operational effectiveness of a military aircraft[J]. Applied Energy, 1998, 60(3): 115 – 152.

[86] NAEEM M, SINGH R, PROBERT D. Implications of engine deterioration for creep life[J]. Applied Energy, 1998, 60(4): 183 – 223.

[87] NAEEM M, SINGH R, PROBERT D. Consequences of aero-engine deteriorations for military aircraft[J]. Applied Energy, 2001, 70(2): 103 – 133.

[88] NOWELL D, DUÓ P, STEWART I F. Prediction of fatigue performance in gas turbine blades after foreign object damage[J]. International Journal of Fatigue, 2003, 25(9/10/11): 963 – 969.

[89] ZWEBEK A, PILIDIS P. Degradation effects on combined cycle power plant performance—part I: gas turbine cycle component degradation effects[J]. Journal of Engineering for Gas Turbines and Power, 2003, 125(3): 651 – 657.

[90] ZWEBEK A, PILIDIS P. Degradation effects on combined cycle power plant performance—part II: steam turbine cycle component degradation effects [J]. Journal of Engineering for Gas Turbines and Power, 2003, 125(3): 658 – 663.

[91] ZWEBEK A I, PILIDIS P. Degradation effects on combined cycle power plant performance—part III: gas and steam turbine component degradation effects[J]. Journal of Engineering for Gas Turbines and Power, 2004, 126(2): 306 – 315.

[92] MATHIOUDAKIS K, STAMATIS A, BONATAKI E. Allocating the causes of performance deterioration in combined cycle gas turbine plants [J]. Journal of Engineering for Gas Turbines and Power, 2002, 124 (2): 256 – 262.

[93] BENJALOOL A A. Evaluation of performance deterioration on gas turbines due to compressor fouling[D]. Cranfield: Cranfield University, 2006.

[94] OMAR A O M. The benefits of gas turbine compressor cleaning in a desert oil field environment[D]. Cranfield: Cranfield University, 2007.

[95] JORDAL K, ASSADI M, GENRUP M. Variations in gas turbine blade life and cost due to compressor fouling: a thermoeconomic approach [J]. International Journal of Thermodynamics, 2010, 5(1): 37 – 47.

[96] AMERI M, HEJAZI S H, MONTASER K. Performance and economic of the thermal energy storage systems to enhance the peaking capacity of the gas turbines[J]. Applied Thermal Engineering, 2005, 25(2/3): 241 – 251.

[97] SONG T W, SOHN J L, KIM J H, et al. Exergy-based performance analysis of the heavy-duty gas turbine in part-load operating conditions[J]. Exergy, 2002, 2(2): 105 – 112.

[98] MATHIOUDAKIS K, KAMBOUKOS P, STAMATIS A. Turbofan performance deterioration tracking using nonlinear models and optimization techniques[J]. Journal of Turbomachinery, 2002, 124(4): 580 – 587.

[99] GULEN S C, GRIFFIN P R, PAOLUCCI S. Real tine on line performance diagnostics of heavy duty industrial gas turbine［C］//The International Gas Turbine & Aeroengine Congress & Exhibition, Munich, Germany, 2002.

[100] VEER T, HAGLERO/D K K, BOLLAND O. Measured data correction for improved fouling and degradation analysis of offshore gas turbines［C］// Proceedings of ASME Turbo Expo 2004：Power for Land, Sea, and Air, Vienna, Austria, 2004：823 – 830.

[101] KAMBOUKOS P, OIKONOMOU P, STAMATIS A, et al. Optimizing diagnostic effectiveness of mixed turbofans by means of adaptive modelling and choice of appropriate monitoring parameters［C］//RTO Symposium on Aging Mechanisms and Control—Part B：Monitoring and Management of Gas Turbine Fleets for Extended Life and Reduced Costs, Manchester, UK, 2001.

[102] ARIPUTHRAN T. Optimal sensors selection in gas path diagnostics for high by-pass turbo-fan［D］. Cranfield：Cranfield University, 2007.

[103] MATHIOUDAKIS K, KAMBOUKOS P. Assessment ofthe effectiveness of gas path diagnostic schemes［J］. Journal of Engineering for Gas Turbines and Power, 2006, 128(1)：57 – 63.

[104] 于军琪, 边策, 赵安军, 等. 考虑频域分解后数据特征的空调负荷预测模型[J]. 控制理论与应用, 2022, 39(6)：1149 – 1157.

[105] 郑磊. 时域交互网络中动态嵌入轨迹预测方法[J]. 重庆理工大学学报（自然科学）, 2022, 36(8)：161 – 170.

[106] 黄彦文, 褚德英, 谢颖. 基于船舶运动数据的 AR(p) 模型参数估计和适用性验证[J]. 船舶工程, 2022, 44(S1)：500 – 504.

[107] 王伟影, 王建丰, 崔宝, 等. 基于时间序列模型的燃气轮机气路性能退化预测[J]. 热能动力工程, 2016, 31(3)：50 – 55, 138 – 139.

[108] 李晓波, 焦晓峰, 贾斌, 等. 基于劣化度指标的汽轮机状态预测法研究[J]. 汽轮机技术, 2020, 62(6)：447 – 450.

［109］ LU Q, PANG L X, HUANG H Q, et al. High-G calibration denoising method for high-G MEMS accelerometer based on EMD and wavelet threshold［J］. Micromachines, 2019, 10(2)：134－139.

［110］ 严鹏. 桥梁健康监测采样信号 EMD 小波相关降噪研究［J］. 噪声与振动控制, 2019, 39(3)：204－209.

［111］ SHI Z Y, XU W M, ZHOU B, et al. A self-adapting denoising method based on empirical mode decomposition and wavelet threshold ［J］. Hydrographic Surveying and Charting, 2021, 41(6)：54－57, 72.

［112］ 宁毅, 魏志刚, 周建雄. 基于改进 EMD 和小波阈值的混合机低速重载轴承故障诊断［J］. 噪声与振动控制, 2020, 40(6)：134－139.

［113］ DUAN W Y, HUANG L M, HAN Y, et al. A hybrid EMD-AR model for nonlinear and non-stationary wave forecasting［J］. Journal of Zhejiang University：Science A, 2016, 17(2)：115－129.

［114］ WANG B R, WANG W B, ZHOU C, et al. Feature selection and classification of heart sound based on EMD adaptive reconstruction［J］. Space Medicine & Medical Engineering, 2020, 33(6)：533－541.

［115］ CHANG F X, HONG W X, ZHANG T, et al. Research on wavelet denoising for pulse signal based on improved wavelet thresholding［C］// 2010 First International Conference on Pervasive Computing, Signal Processing and Applications, Harbin, China. IEEE, 2010：564－567.

［116］ LIU Z P, ZHANG L, CARRASCO J. Vibration analysis for large-scale wind turbine blade bearing fault detection with an empirical wavelet thresholding method［J］. Renewable Energy, 2020, 146：99－110.

［117］ RUIZ-AGUILAR J J, TURIAS I, GONZALEZ-ENRIQUE J, et al. A permutation entropy-based EMD-ANN forecasting ensemble approach for wind speed prediction［J］. Neural Computing and Applications, 2021, 33(7)：2369－2391.

［118］ LIU H, CHEN C, TIAN H Q, et al. A hybrid model for wind speed prediction using empirical mode decomposition and artificial neural networks[J]. Renewable Energy, 2012, 48: 545 – 556.

[119] 涂锦, 冷正兴, 刘丁毅. 基于 EMD 和神经网络的非线性时间序列预测方法[J]. 统计与决策, 2020, 36(8): 41 – 44.

[120] CHEN L, LIU H L, ZHENG Q, et al. An EEMD-SVD-PE approach to extract the trend of track irregularity[J]. Journal of Harbin Institute of Technology, 2019, 51(5): 171 – 177.

[121] YANG Z J, LING B W K, BINGHAM C. Joint empirical mode decomposition and sparse binary programming for underlying trend extraction[J]. IEEE Transactions on Instrumentation and Measurement, 2013, 62(10): 2673 – 2682.

[122] 梁兵, 汪同庆. 基于 HHT 的振动信号趋势项提取方法[J]. 电子测量技术, 2013, 36(2): 119 – 122.

[123] BEHERA A P, GAURISARIA M K, RAUTARAY S S, et al. Predicting future call volume using ARIMA models[C]//2021 5th International Conference on Intelligent Computing and Control Systems (ICICCS), Madurai, India. IEEE, 2021: 1351 – 1354.

[124] SHAHZAD K, LU B Z, ABDUL D. Entrepreneur barrier analysis on renewable energy promotion in the context of Pakistan using Pythagorean fuzzy AHP method[J]. Environmental Science and Pollution Research International, 2022, 29(36): 54756 – 54768.

[125] DAS S, SARKAR S, KANUNGO D P. GIS-based landslide susceptibility zonation mapping using the analytic hierarchy process (AHP) method in parts of Kalimpong Region of Darjeeling Himalaya[J]. Environmental Monitoring and Assessment, 2022, 194(3): 234.

[126] 谷秋成. 模糊层次分析法在电站锅炉高温腐蚀影响因素定量分析中的运用[J]. 电工技术, 2020(20): 143 – 145, 151.

[127] WU X, SHEN X J, LI J S. Flood risk assessment model combining

hierarchy process and variable fuzzy set theory：a case study in Zhejiang Province，China［J］. Arabian Journal of Geosciences，2022，15（2）：445－462.

［128］ 杨磊，任健. 基于层次分析法的燃煤发电企业低碳综合评价[J]. 发电技术，2019，40(1)：66－70.

［129］ SUO C G，REN Y N，ZHANG W B，et al. Evaluation method for winding performance of distribution transformer［J］. Energies，2021，14(18)：5832.

［130］ YE H，BING L，CHAO C，et al. Research on the reliability evaluation of transmission line on-line monitoring device based on the comprehensive evaluation method［J］. Science Discovery，2018，6(3)：1217－1228.

［131］ LIU S Q，YUAN F L，XU R B，et al. A fuzzy comprehensive evaluation method for life-span of LED lamps based on rough set theory［J］. IOP Conference Series：Materials Science and Engineering，2018，439(3)：032111.

［132］ ZHOU Y，QIN X P，LI C L，et al. An intelligent site selection model for hydrogen refueling stations based on fuzzy comprehensive evaluation and artificial neural network：a case study of Shanghai［J］. Energies，2022，15(3)：1098.

［133］ 陈旭宇. 基于模糊评价法对项目风险识别与评价[J]. 自动化与仪器仪表，2017(6)：13－16.

［134］ 莫莉，王剑雄，黄清兰，等. 基于模糊综合评价法的有序用电管理评估研究[J]. 能源与环保，2021，43(1)：74－78.

［135］ 莫一夫，张勇军. 基于变权灰关联的智能配电网用电可靠性提升对象优选[J]. 电力系统保护与控制，2019，47(5)：26－34.

［136］ HUANG D W，LI H W，CAI G W，et al. An efficient probabilistic approach based on area grey incidence decision making for optimal distributed generation planning［J］. IEEE Access，2019，7：93175－93186.

［137］ LIU H，ZENG M，PAN T，et al. The green photovoltaic industry installed capacity forecast in China：based on grey relation analysis，improved signal decomposition method，and artificial bee colony algorithm［J］. Mathematical Problems in Engineering，2020(1)：1 – 15.

[138] YU W W，LIU X W. Behavioral risky multiple attribute decision making with interval type-2 fuzzy ranking method and TOPSIS method［J］. International Journal of Information Technology & Decision Making，2022，21(2)：665 – 705.

[139] CHAKRABORTY S. TOPSIS and modified TOPSIS：a comparative analysis ［J］. Decision Analytics Journal，2022，2：100021.

[140] CAO C，ZHANG M. Credit risk evaluation of quantum communications listed companies in China based on fermatean fuzzy TOPSIS［J］. Procedia Computer Science，2022，199：361 – 368.

[141] 董福贵，张也，尚美美. 分布式能源系统多指标综合评价研究［J］. 中国电机工程学报，2016，36(12)：3214 – 3222.

[142] XU M S，ZHOU C H，HUANG X，et al. Multiobjective optimization of 316L laser cladding powder using gray relational analysis［J］. Journal of Materials Engineering and Performance，2020，29(12)：7793 – 7806.

[143] SUN Y M，LIU S X，LI L. Grey correlation analysis of transportation carbon emissions under the background of carbon peak and carbon neutrality［J］. Energies，2022，15(9)：3064.

[144] 王珊珊，施磊，顾然. 基于 TOPSIS 法实现智能电网中一次设备运行状态的评估［J］. 供用电，2021，38(6)：56 – 60.

[145] DONG H，YANG K，BAI G Q. Evaluation of TPGU using entropy-improved TOPSIS-GRA method in China［J］. PLoS One，2022，17(1)：e0260974.

[146] 吴飞美，李美娟，徐林明. 基于理想解和灰关联度的动态评价方法及其应用研究［J］. 中国管理科学，2019，27(12)：136 – 142.

[147] 刘新梅，徐润芳，张若勇. 邓氏灰色关联分析的应用模型［J］. 统计与

决策, 2008(10): 23 – 25.

[148] 何文章, 郭鹏. 关于灰色关联度中的几个问题的探讨[J]. 数理统计与管理, 1999, 18(3): 26 – 30, 25.

[149] 水乃翔, 董太亨, 沙震. 关于灰关联度的一些理论问题[J]. 系统工程, 1992, 10(6): 23 – 26.

[150] 罗党, 张曼曼. 基于面板数据的灰色 B 型关联模型及其应用[J]. 控制与决策, 2020, 35(6): 1476 – 1482.

[151] 赵力. 多雷达航迹灰色关联方法研究[D]. 西安: 西安电子科技大学, 2021.

[152] WATSON G A. A Levenberg-Marquardt method for estimating polygonal regions[J]. Journal of Computational and Applied Mathematics, 2007, 208(2): 331 – 340.

[153] YAMASHITA N, FUKUSHIMA M. On the rate of convergence of the levenberg-marquardt method[M]//ALEFELD G, CHEN X J, eds. Topics in Numerical Analysis. Vienna: Springer Vienna, 2001: 239 – 249.

[154] 杨柳, 陈艳萍. 一种新的 Levenberg-Marquardt 算法的收敛性[J]. 计算数学, 2005, 27(1): 55 – 62.

[155] 杨柳, 陈艳萍. 求解非线性方程组的一种新的全局收敛的 Levenberg-Marquardt 算法[J]. 计算数学, 2008, 30(4): 388 – 396.

[156] FAN J Y. A modified Levenberg-Marquardt method for singular system of nonlinear equations[J]. Journal of Computational Mathematics, 2003, 21(5): 625 – 636.

[157] FAN J Y, PAN J Y. A note on the Levenberg-Marquardt parameter[J]. Applied Mathematics and Computation, 2009, 207(2): 351 – 359.

[158] 刘喜超, 唐胜利. 基于偏最小二乘法的压气机特性曲线的拟和[J]. 汽轮机技术, 2006, 48(5): 327 – 329.

[159] 翁史烈. 燃气轮机性能分析[M]. 上海: 上海交通大学出版社, 1987.

[160] 云庆夏. 进化算法[M]. 北京: 冶金工业出版社, 2000.

［161］ 张文修，梁怡. 遗传算法的数学基础［M］. 2 版. 西安：西安交通大学
出版社，2003.

［162］ 雷英杰，张善文，李继武，等. MATLAB 遗传算法工具箱及应用［M］.
西安：西安电子科技大学出版社，2005.

［163］ 汪定伟，王俊伟，王洪峰，等. 智能优化方法［M］. 北京：高等教育出
版社，2007.

［164］ STORN R，PRICE K. Differential evolution：a simple and efficient
adaptive scheme for global optimization over continuous spaces［R］.
California(Berkeley)：Technical Report TR－95－012，ICSI，1995.

［165］ STORN R，PRICE K. Differential Evolution-a Simple and Efficient
Heuristic for Global Optimization over Continuous Spaces［J］. Journal of
Global Optimization，1997，11(4)：341－359.

［166］ STORN R，PRICE K. Differential evolution for multi-objective optimization
［J］. Evolutionary Computation，2003(4)：8－12.

［167］ 杨勇刚. 燃气轮机基于热参数的故障性能模拟［D］. 上海：上海交通
大学，2000.

［168］ 黄庆宏. 汽轮机与燃气轮机原理及应用［M］. 南京：东南大学出版
社，2005.

［169］ THOMPSON B D，WAINSCOTT B. Systematic evaluation of U. S. navy
LM2500 gas turbine condition［J］. Journal of Engineering for Gas Turbines
and Power，2002，124(3)：580－585.

［170］ 何远令. GT25000 燃气轮机燃油控制系统仿真［D］. 武汉：武汉工程大
学，2009.

［171］ 金红光，林汝谋. 能的综合梯级利用与燃气轮机总能系统［M］. 北京：
科学出版社，2008.

［172］ 敖晨阳，张宁，陈华清. 基于 MATLAB 的三轴燃气轮机动态仿真模型
研究［J］. 热能动力工程，2001，16(5)：523－526，571.

［173］ 余又红，孙丰瑞，张仁兴. 基于 MATLAB 的面向对象的燃气轮机动态

仿真研究[J]. 燃气轮机技术，2003，16(1)：53 - 56.

[174] 黄荣华，贾省伟，梁前超，等. 双轴燃气轮机动态仿真模型研究[J]. 华中科技大学学报(自然科学版)，2007，35(4)：92 - 95.

[175] 朱大奇，史慧. 人工神经网络原理及应用[M]. 北京：科学出版社，2006.

[176] YU Y H, CHEN L G, SUN F R, et al. Neural-network based analysis and prediction of a compressor's characteristic performance map[J]. Applied Energy, 2007, 84(1): 48 - 55.

[177] 侯媛彬，杜京义，汪梅. 神经网络[M]. 西安：西安电子科技大学出版社，2007.

[178] MOODY J, DARKEN C J. Fast learning in networks of locally-tuned processing units[J]. Neural Computation, 1989, 1(2): 281 - 294.

[179] YAO X. Evolving artificial neural networks[J]. Proceedings of the IEEE, 1999, 87(9): 1423 - 1447.

[180] 王连成. 工程系统论[M]. 北京：中国宇航出版社，2002.

[181] VON BERTALANFFY L. General system theory: foundations, development, applications[M]. New York: George Braziller, 1976.

[182] 孙世霞. 复杂大系统建模与仿真的可信性评估研究[D]. 长沙：国防科技大学，2005.

[183] 李宁，王李管，贾明滔，等. 基于层次分析法和证据理论的矿山井下六大系统安全评价[J]. 中南大学学报(自然科学版)，2014，45(1)：287 - 292.

[184] 马铁林，马东立. 大系统理论体系下的飞行器多学科设计优化方法[J]. 系统工程理论与实践，2009，29(9)：186 - 192.

[185] 高剑平，仇小敏. 整体与关系：信息论对系统科学思想史的贡献[J]. 求索，2008(3)：40 - 42.

[186] 杜鹃，马莉. 信息论在数据挖掘领域中的应用[J]. 电脑知识与技术，2010，6(35)：9934 - 9936.

[187] 王新华，李堂军，丁黎黎. 复杂大系统评价理论与技术[M]. 济南：山

东大学出版社, 2010.

[188] SURENDER V P, GANGULI R. Adaptive myriad filter for improved gas turbine condition monitoring using transient data [J]. Journal of Engineering for Gas Turbines and Power, 2005, 127(2): 329 – 339.

[189] UDAY P, GANGULI R. Jet engine health signal denoising using optimally weighted recursive Median filters [J]. Journal of Engineering for Gas Turbines and Power, 2010, 132(4): 041601.

[190] 钟珞, 饶文碧, 邹承明. 人工神经网络及其融合应用技术[M]. 北京: 科学出版社, 2007.

[191] 曾建潮, 介婧, 崔志华. 微粒群算法[M]. 北京: 科学出版社, 2004.

[192] 段晓东, 王存睿, 刘向东. 粒子群算法及其应用[M]. 沈阳: 辽宁大学出版社, 2007.

[193] KENNEDY J, EBERHART R. Particle swarm optimization [C]// Proceedings of ICNN'95-International Conference on Neural Networks, Perth, WA, Australia. IEEE, 2002: 1942 – 1948.

[194] 郑奕扬, 倪何, 金家善. 基于 MSOP 的蒸汽动力系统单参数运行稳定性评估方法[J]. 上海交通大学学报, 2021, 55(11): 1438 – 1444.

[195] 尤保健. 基于六西格玛理论的轴流泵叶轮水力效率影响因子分析[J]. 水电能源科学, 2020, 38(2): 168 – 171.

[196] 徐晨, 赵瑞珍, 甘小冰. 小波分析·应用算法[M]. 北京: 科学出版社, 2005.

[197] 李维松, 许伟杰, 张涛. 基于小波变换阈值去噪算法的改进[J]. 计算机仿真, 2021, 38(6): 348 – 351, 356.

[198] 田行宇, 李传金. PP 检验对异方差时间序列的伪检验[J]. 统计与决策, 2018, 34(17): 74 – 76.

[199] 李国春, 王恩龙, 王丽梅, 等. 基于 AIC 准则判断锂电池最优模型[J]. 汽车工程学报, 2019, 9(5): 352 – 358, 379.

附录

主要符号说明

1. 英文字母

A	IMF 分量矩阵
a	稳态小偏差量，调节系数
B	协方差矩阵
b	动态累积小偏差量，待定系数
c	动态平均时滞量，聚类中心
c_p	定压比热容
d	小波阈值函数
D	延迟阶数
E	单位矩阵，能量状态
e	相对偏差
F	推力，摄动因子，理想解
f	油气比

G	工质质量流量
g	抽气系数
$\boldsymbol{H}$	海塞矩阵
H_u	燃油低热值
h	比焓，信号分量
$\boldsymbol{I}$	奇异值分量矩阵
$\boldsymbol{J}$	雅克比矩阵，聚类准则函数
Ne	功率
L	延迟算子
m	嵌入维数
N	信号长度
n	转速，分量个数
Q	热量，目标函数，拟合检验指标，特征矩阵
q	移动平均系数多项式阶数
P	概率
P_c	交叉概率
P_m	变异概率
p	压力，自回归阶数
R	气体常数，分解分量
rand	伪随机数
s	比熵，多项式阶数
T	温度，运行趋势
t	时间

U	特征向量矩阵
u	控制参数
V	容积
v	速度
W	权重
w	比功
x	性能参数，信号时序
y	测量参数

2. 希腊字母

α	信赖域修正参数，斜率相似程度的关联度
β	速率相似程度的关联度
Γ	伽马函数
δ	小偏差量，均方根误差阈值
Δ	偏差量
ε	相对残差，白噪声
χ	卡方分布
γ	工质的比热容比，权重调节系数
η	部件效率
η_R	压力恢复系数
λ	阻尼因子，相关系数阈值
π	压缩比，膨胀比
σ	方差，聚类半径
ϑ	信号比值

φ 隐层输出，模型系数

φ 缩放因子

μ 零均值的白噪声序列

3. 上标

—   均值，平移量，折合参数

^   拟合值

~   性能退化因子

+   正

−   负

T   反置

′   一阶斜率，一阶导数

″   二阶斜率，二阶导数

4. 下标

0   环境状态，初始值

1   低压压气机进口截面

2   低压压气机出口截面

3   高压压气机出口截面

4   燃烧室出口截面

5   高压涡轮出口截面

6   低压涡轮出口截面

7   动力涡轮出口截面

a   空气

act   实际

amb   环境

B   燃烧室

best   最佳值

C   压气机

f   燃油

g   燃气

H   高压

ideal   理想情况

in   进口

i, j 编号

K 奇异值分量个数

L   低压

loss   损失

l 迭代次数

max   最大

m   机械

out   出口

P   动力

ref   参考值

T   涡轮

τ 时间

5. 缩略词

ANN   人工神经网络

AR	自回归
ARMA	自回归移动平均
ARIMA	差分整合自回归移动平均
BP	反向传播
CR	交叉概率
DE	差分进化算法
DI	性能退化指标
EEMD	集合经验模态分解
EMD	经验模态分解
FC	目标函数
GA	遗传算法
IMF	本征模态函数
IW	权值矩阵
LM	麦夸尔特算法
MA	移动平均
MF	修正因子
MREMD	中值回归经验模态分解
PCL	功率控制手柄
PE	排列熵
PSO	粒子群算法
RBF	径向基函数
RMSE	均方根误差
SA	模拟退火算法

SARIMA	包含季节效应的差分整合自回归移动平均
SVD	奇异值分解
SSE	残差平方和
TOPSIS	理想解
WTD	小波阈值降噪